DIE THEORIE DER EMULSIONEN UND DER EMULGIERUNG

VON

DR. WILLIAM CLAYTON
SCHRIFTFÜHRER DES AUSSCHUSSES FÜR KOLLOIDCHEMIE DER
"BRITISH ASSOCIATION"

MIT EINEM GELEITWORT VON
PROFESSOR F. G. DONNAN
VORSITZENDER DES AUSSCHUSSES FÜR
KOLLOIDCHEMIE DER "BRITISH ASSOCIATION"

DEUTSCHE VOM VERFASSER
ERWEITERTE AUSGABE VON
DR. L. FARMER LOEB

MIT 18 ABBILDUNGEN

BERLIN
VERLAG VON JULIUS SPRINGER
1924

ALLE RECHTE VORBEHALTEN
ISBN-13: 978-3-642-98743-4   e-ISBN-13: 978-3-642-99558-3
DOI: 10.1007/978-3-642-99558-3
Softcover reprint of hardcover 1st edition 1924

Geleitwort.

Das Studium der Emulsionen und der Emulgierung ist von sehr großem theoretischen und praktischen Interesse. Vom Standpunkte der reinen Wissenschaft wirft es ein helles Licht auf die Probleme der Oberflächenspannung, der Oberflächenkonzentration und Adsorption, der Oberflächenhäutchen, der elektrischen Doppelschicht, der Ionenadsorption, der Brownschen Molekularbewegung und auf die allgemeine Theorie der dispersen Systeme und der Kolloide. Das Studium der Emulsionen und der Emulgierung ist auch von großer Wichtigkeit für die biologischen Wissenschaften, z. B. für die Adsorption der Fette, die Permeabilität von Membranen usw.

Betrachten wir die technischen und angewandten Wissenschaften, so ist es erstaunlich, wie viele interessante und wichtige Fragen auf der Kenntnis der Bildung, des Verhaltens und der Beständigkeit von Emulsionen beruhen. In diesem Zusammenhange braucht man nur zu denken an die Milch (und „synthetische" Milch), Butter, Margarine, die pharmazeutischen Emulsionen und Salben, emulgierte Desinficientia und Schmiermittel, Kautschukmilchsaft, Zerstäubungsflüssigkeiten, Seifen und andere Reinigungsmittel, Flotationsprozesse und eine große Reihe anderer Dinge, um die außerordentlich wichtige Rolle der Emulsionen im praktischen Leben zu erkennen. Der Ingenieur, der die Emulgierung seines Schmieröls verhindern will, oder der Öl aus seinem Kondenswasser entfernen will, muß bei den hierbei angewandten Methoden auf die physikalische Chemie der Emulsionen zurückgreifen.

Dr. William Clayton gibt in dem vorliegenden Buche eine ausgezeichnete Darstellung des Gebietes. Er eignet sich ganz besonders für die von ihm unternommene Aufgabe, sowohl durch seine physikalisch-chemischen Kenntnisse als auch durch seine praktischen und wissenschaftlichen Erfahrungen über das Verhalten von Emulsionen bei der Margarineherstellung. Sein Buch kann mit gutem Gewissen nicht nur allen denen empfohlen werden, die sich mit physikalischer Chemie als Wissenschaft beschäftigen, sondern auch Ingenieuren, Metallurgen, Biologen, Pharmazeuten, Fabrikanten von Chemikalien, Molkereichemikern, wissenschaftlichen Gärtnern, Landwirten und vielen anderen, die zu zahlreich sind, um sie aufzuzählen.

Chemical Laboratory,   **F. G. Donnan.**
University College, London.

Aus dem Vorwort zur englischen Ausgabe.

Die Entwicklung der Kolloidchemie ist in den letzten Jahren eine rasche und vielseitige gewesen, und es gibt jetzt mehrere bekannte Bücher, die ihre allgemeinen Grundlagen behandeln. Den Emulsionen hat man jedoch in diesen Werken bisher nur wenig Beachtung geschenkt. Dies mag einmal darauf zurückzuführen sein, daß der größte Teil der quantitativen Untersuchungen verhältnismäßig neueren Datums ist, ferner darauf, daß mehrere theoretische Punkte noch unklar sind. Eine wirklich gut begründete umfassende Theorie der Emulsionen und der Emulgierung würde heute noch zahlreiche Lücken aufweisen. Die große theoretische Bedeutung der Emulsionen und ihre außerordentlich große technische Anwendbarkeit scheinen eine Monographie zu rechtfertigen, die die Arbeiten der zahlreichen Forscher auf diesem Gebiete sammeln und kritisch beleuchten soll. Das vorliegende Buch stellt einen solchen Versuch dar.

Bis zu einem gewissen Grade ist die Darstellung der historischen Entwicklung gefolgt, besonders bei den ersten Arbeiten, in der Hauptsache jedoch ist versucht worden, eine logische Entwicklung auf Grund moderner physikalisch-chemischer Anschauungen zu geben.

Es sind nur die technischen Anwendungen von Emulsionen beschrieben worden, bei denen es sich um eine Laboratoriumsmethode im großen handelt, oder bei denen eine wichtige theoretische Frage mit hineinspielt. Es ist nicht möglich, in ein und demselben Buche sowohl die theoretischen Grundlagen als auch die mannigfaltigen technischen Anwendungen sachgemäß zu behandeln.

Liverpool. **William Clayton.**

Vorwort des Übersetzers.

Die vorliegende deutsche Übertragung ist in enger Zusammenarbeit mit dem Verfasser entstanden. Herr Dr. Clayton hat in einem Nachtrag die seit dem Erscheinen des englischen Originals veröffentlichten Arbeiten über Emulsionen besprochen und die Literaturzusammenstellung bis zum Juni 1924 ergänzt.

Ich bin ihm für seine liebenswürdige Unterstützung zu großem Dank verpflichtet.

Berlin, im Juli 1924. **L. Farmer Loeb.**

Inhaltsverzeichnis.

	Seite
I. **Emulsionen und Emulgatoren**	1

Öl/Wasseremulsionen S. 2. — Wasser/Ölemulsionen S. 4. — Feinverteilte feste Körper als Emulgatoren S. 5. — Die Wirksamkeit von Emulgatoren S. 7. — Die Emulgierbarkeit von Ölen in Wasser S. 9.

II. **Die Eigenschaften der Emulsionen** 12

Die Größe der Teilchen S. 12. — Die Konzentration von Emulsionen S. 15. — Die elektrische Ladung S. 16. — Die Brownsche Molekularbewegung in Emulsionen S. 19. — Die Beständigkeit von Emulsionen S. 20. — Die Viscosität von Emulsionen S. 25. — Die Farbe von Emulsionen S. 26.

III. **Die älteren Emulsionstheorien** 27

Die Phasenvolumentheorie S. 27. — Die Viscositätstheorie der Emulsionen S. 34. — Die Hydratationstheorie der Emulsionen S. 37. — Die Oberflächenspannungstheorie der Emulsionen S. 40. — „Teilchen"-Theorie S. 44.

IV. **Die Adsorption an der Grenzfläche flüssig-flüssig** 45

α) Neuere Ansichten über Grenzflächenspannung und Adsorption S. 59. — a) Gibbs-Thomsonsche Gleichung S. 46. — b) Adsorptionsisotherme S. 51. — c) Randwinkel S. 58. — d) Theorie der gerichteten Moleküle S. 60.

V. **Umkehrbare Emulsionen und Phasenumkehr** 63

VI. **Die moderne Adsorptionshäutchentheorie** 76

Benetzung der Emulgatoren S. 77. — Antagonistische Emulgatoren S. 79. — Benetzung des Adsorptionshäutchens S. 81. Die Ausrichtung der Moleküle in dem adsorbierten Häutchen S. 83.

VII. **Physikalische Messungen an Emulsionen** 84

Die Messung der Grenzflächenspannung S. 85. — Die Phasenbestimmung S. 88. — Nephelometrie S. 90.

VIII. **Die Emulgierung** 93

a) Einfluß der Bewegung S. 94. — b) Intermittierende Emulgierung S. 98. — c) Homogenisieren S. 99.

IX. **Die Entmischung** 104

Rohölemulsionen S. 104. — Die elektrischen Methoden S. 105. — Chemische Methoden S. 109. — Durch Elektrolyte bedingtes Zusammenfließen S. 111. — Kondenswasseremulsionen S. 113. — Die Trennung von Emulsionen durch Zentrifugieren S. 116. — Wärmebehandlung S. 121.

Nachtrag. Neuere Untersuchungen über Emulsionen 123

Randwinkel S. 123. — Grenzflächenhäutchen S. 125. — Umkehrung von Emulsionen S. 128.

Literaturzusammenstellung 131

Nachtrag zur Literaturzusammenstellung 139

Namenverzeichnis 141

Sachverzeichnis 143

I. Emulsionen und Emulgatoren.

Eine Emulsion ist ein System, das zwei flüssige Phasen enthält, von denen die eine in Form von Kügelchen in der anderen verteilt ist. Die Flüssigkeit, die die Kügelchen bildet, wird als disperse Phase bezeichnet, während man die Flüssigkeit, die die Kügelchen umgibt, geschlossene Phase oder Dispersionsmittel nennt. Die beiden Flüssigkeiten, die nicht mischbar oder nahezu nicht mischbar sein müssen, bezeichnet man als die innere bzw. äußere Phase.

Für zwei gegebene Flüssigkeiten a und b gibt es theoretisch zwei Reihen von Emulsionen, je nachdem, ob a in b verteilt ist oder umgekehrt. Ferner gibt es a priori keinen Grund, weshalb man nicht Emulsionen jeder gewünschten Konzentration herstellen könnte, wobei jede der beiden Flüssigkeiten die Stelle jeder der Phasen einnehmen kann[1]).

Der größte Teil der ersten Arbeiten über Emulsionen behandelte Systeme, in denen verschiedene Öle in Wasser verteilt waren; diese Art Emulsion nannte man Öl/Wasseremulsion. Wa. Ostwald[2]) machte zuerst im Jahre 1910 wirklich aufmerksam auf das Vorhandensein von zwei Arten von Emulsionen, indem er darauf hinwies, daß Emulsionen gleicher Volumenkonzentration, aber entgegengesetzter Art, d. h. Öl in Wasser und Wasser in Öl, sehr verschiedene Eigenschaften besitzen müßten. Beide Emulsionsarten kommen heute nicht nur im Laboratorium, sondern auch in der Technik häufig vor.

Werden zwei reine Flüssigkeiten, z. B. ein Öl und Wasser, zusammen geschüttelt oder auf sonst irgendeine Weise in Bewegung versetzt, so bilden sie vorübergehend eine Emulsion. Sobald die Bewegung aber aufhört, fließen die Tropfen der einzelnen Flüssigkeiten zusammen, und es tritt eine Trennung in Schichten ein. Durch geeignete Behandlung kann man einigermaßen beständige Emulsionen eines reinen Öls in Wasser herstellen; die Konzentration des Öles ist jedoch sehr niedrig. So enthält Maschinenkondenswasser häufig sehr feine Ölkügelchen, die eine stabile Emulsion bilden, in der die Konzentration des Öls etwa

---

[1]) Diese Tatsachen sind auch auf Amalgame erweitert worden durch Gillet: Journ. phys. chem. Bd. 20, S. 729. 1916; s. auch Bancroft: Chem. met. eng. Bd. 26, S. 391. 1922.

[2]) Kolloid-Zeitschr. Bd. 6, S. 103. 1910. Wasser-Ölemulsionen sind jedoch von Saunders erwähnt worden: Pharmaceut. Journ. Bd. 5, S. 663. 1874; und Gerrand: ebendort Bd. 18, S. 431. 1887.

1 : 10 000 beträgt. Erhitzt man eine kleine Menge Öl mit Wasser im Rückflußkühler, so erhält man eine ähnliche Emulsion[1]). Solche verdünnten Emulsionen, die kolloiden Suspensionen sehr ähneln, zeigen bestimmte interessante Eigenschaften. Ihre Besprechung soll in Anbetracht der damit verbundenen wichtigen theoretischen Erörterungen im folgenden Kapitel stattfinden.

Um konzentrierte beständige Emulsionen beider Arten, d. h. entweder eine Öl/Wasser- oder Wasser/Ölemulsion (das erste Wort bezeichnet die disperse Phase; d. Übers.), herzustellen, braucht man außer den beiden Flüssigkeiten noch eine dritte Substanz, die man als Emulgator bezeichnet. Die entstehende Emulsionsart hängt von der Natur des Emulgators ab. Wasserlösliche kolloide Substanzen geben Öl/Wasseremulsionen, während öllösliche Kolloide die entgegengesetzte Emulsionsart bilden. Die Theorie dieser Erscheinung wird in Kapitel VI besprochen.

Einige der wichtigeren Emulgatoren mögen hier genannt sein und auch jene Emulsionen, zu deren Herstellung sie angewandt worden sind. Die Emulsionen selbst werden im folgenden in verschiedenem Zusammenhang ausführlicher besprochen werden.

Öl/Wasseremulsionen. Gelatine ist ein ausgezeichneter Emulgator für Öle sowohl vom Charakter der Glyceride wie der Kohlenwasserstoffe. Ausführliche Untersuchungen über die Emulgierung von Benzol in Wasser mit Hilfe von Gelatine sind von Briggs und Schmidt[2]) und von Holmes und Child[3]) angestellt worden. Ähnliche Emulsionen wurden von Nugent[4]) hergestellt, während Clayton[5]) Befunde über die Emulgierung von Oleum arachidis und Baumwollsamenöl in wässerigen Gelatinelösungen erhob.

Zur Herstellung pharmazeutischer Emulsionen[6]) benutzt man zahlreiche Stoffe, so z. B. Eigelb, Saponin, Gummi arabicum, Tragant, Casein und irisches Moos. Untersuchungen über diese verschiedenen Emulgatoren sindaus geführt worden von Marsahll[7]) (Gummi arabicum), Roon und Oesper[8]) (Tragant), Fischer und Hooker[9]) (Casein, Stärke, Agar, Albumine, Gummiarten, Eigelb) und Haas[10]) (irisches

---

[1]) Lewis: Kolloid-Zeitschr. Bd. 4, S. 211. 1909.
[2]) Journ. phys. chem. Bd. 19, S. 484. 1915.
[3]) Journ. of the Americ. chem. soc. Bd. 42, S. 2049. 1920.
[4]) Transact. of the farad. soc. Bd. 17, S. 703. 1922.
[5]) Transact. of the farad. soc. Bd. 16, Appendix S. 26. 1921.
[6]) Remington: Pract. of pharmacy 1907, S. 1153.
[7]) Pharm. Journ. Bd. 28, S. 257. 1909; siehe auch Palmer: Journ. of the Americ. chem. soc. Bd. 44, S. 1529. 1922.
[8]) Journ. of industr. a. engineer. chem. B. 9, S, 156. 1917.
[9]) „Fats and Fatty Degeneration". 1917.
[10]) Pharm. Journ. Bd. 106, S. 485. 1921; siehe auch Huber: Kolloid-Zeitschr. Bd. 30, S. 20. 1922.

Moos). Newman[1]) stellte Emulsionen von Benzol in Wasser her unter Benutzung von Hämoglobin, Lakmoid, Pepsin, Pepton oder Dextrin[2]). Bhatnagar[3]) hat Emulsionen von Kerosin in Wasser untersucht; er benutzte hierbei Casein, Albumin und Lecithin als Emulgatoren.

Früher betrachtete man Alkalien als gute Emulgatoren für Öle und Fette. Ihr Gebrauch liegt verschiedenen Patentverfahren zugrunde. So wurden z. B. Na_2CO_3 als Emulgator für Fette[4]) und lösliche Silicate als Emulgatoren zur Herstellung von Lebertranemulsionen[5]) in einer Konzentration bis zu 50 Volumenprozent benutzt. Donnan[6]) zeigte im Jahre 1899, daß Alkalien hierbei nur dadurch wirken, daß sie mit den in Ölen und Fetten vorhandenen freien Fettsäuren Seifen bilden. Seifen sind ausgezeichnete Emulgatoren für alle Arten von Ölen und Fetten. Sie haben weitgehende Anwendung bei technischen Prozessen gefunden. Pickerings[7]) Untersuchungen über Seifen als Emulgatoren sind in der Literatur über Emulsionen klassisch geworden. Pickering fand, daß Kaliseifen Paraffinöl besser emulgieren als Natriumseifen. Emulgierte man 70—80% Paraffin oder Benzol in einer wässerigen Kaliseifenlösung, so erhielt man sehr zähe Emulsionen. Bei Anwendung von 1 ccm einer 1 proz. Kaliseifenlösung gelang es Pickering, 99 ccm Paraffinöl zu emulgieren. Er erhielt dabei eine Öl/Wasseremulsion, die ziemlich weiß und so steif wie Flammeri war. Ähnlich konzentrierte Emulsionen wurden von Newman hergestellt, dem es durch allmählichen Zusatz von Benzol unter jedesmaligem Emulgieren gelang, 99 ccm Benzol in 1 ccm H_2O, das 0,05 g Natriumoleat enthielt, zu emulgieren. Die Emulsion war steif wie Gelee und blieb mehr als sechs Wochen lang beständig. Huff[8]) benutzte Ammoniumoleat zur Herstellung von Emulsionen von schweren Transformatorölen in Wasser. Verschiedene Seifen werden auch zur Bereitung insektentötender Emulsionen angewandt, so z. B. Kaliumoleat und -stearat[9]). Untersuchungen über Seifen als Emulgatoren wurden von White und Marden[10]), Shorter und Ellingworth[11]), Bhatnagar[12]), Hillyer[13]) und

---

[1]) Journ. phys. chem. Bd. 18, S. 45. 1914.
[2]) Siehe Hamburg: Brit. Pat. 26 390. 1913.
[3]) Journ. of the chem. soc. (London) Bd. 119, S. 1760. 1921.
[4]) D. R. P. 2 915 164. 1914.
[5]) Kramer: U. S.-Pat. 1 207 936. 1916.
[6]) Zeitschr. f. physikal. Chem. Bd. 31, S. 42. 1899.
[7]) Journ. of the chem. soc. (London) Bd. 91, S. 2001. 1907.
[8]) Chem. met. eng. Bd. 25, S. 865. 1921.
[9]) U. S. Pat. 1 374 755. 1921; U. S. Pat. 1 168 534. 1916; Brit. Pat. 160 511. 1919.
[10]) Journ. phys. chem. Bd. 24, S. 617. 1920.
[11]) Proc. of the roy. soc. of London (A) Bd. 92, S. 231. 1916.
[12]) Journ. of the chem. soc. (London) Bd. 119, S. 61. 1921.
[13]) Journ. of the Americ. chem. soc. Bd. 25, S. 511. 1903.

Lehner und Bishop[1]) ausgeführt. Als Emulgatoren zur Herstellung von Öl/Wasseremulsionen sind u. a. vorgeschlagen worden: kondensierte Milch (für pharmazeutische Zwecke angewandt), Zucker[2]), Argentumbichromat[3]) (gibt Emulsionen von Chloroform in Wasser), Amylen[4]) (zur Emulgierung von Mineralölen in Wasser), Natriumsalze der Sulfosäuren)[5] (zur Emuleierung von Mineralölen), Glycerin[6]), Harz[7]) und Natriumresinat[8]). Es sind auch zahlreiche Patente erteilt worden für den Gebrauch von Emulgatoren in der Margarinefabrikation, wo beständige, konzentrierte Emulsionen eine sehr wichtige Rolle spielen[9]).

Wasser/Ölemulsionen. Newman[10]) fand, daß man unbeständige Emulsionen von Wasser in Benzol herstellen kann, durch vorheriges Auflösen von Rohgummi (0,2%), Paraffinwachs (2%), Harz (5%) oder Schwefel (in konzentrierter Lösung) im Benzol. Unbeständige Emulsionen von Wasser in Schwefelkohlenstoff wurden hergestellt bei Anwendung von Spermacetin, Schießbaumwolle und Bariumoleat als Emulgatoren. Newman fand, daß auch Mg-, Zn-, Ni- oder Ca-Oleat Benzol/Wasseremulsionen geben.

Man kann Wasser in Leinöl emulgieren infolge des Harzgehaltes des letzteren[11]). Briggs und Schmidt[12]) fanden, daß mehr als 90 Volumenprozent Wasser in Benzol emulgiert werden können, dies ist z. B. bei weißen Bleifarben, die Harz enthalten, der Fall. Sie untersuchten auch die Emulgierung von Wasser in Benzol unter Anwendung von Magnesiumoleat als Emulgator. Durch allmählichen Zusatz von Wasser zu Benzol, das 1% Magnesiumoleat enthielt, wurde eine steife, gelartige Emulsion erhalten, die 90% Wasser enthielt (vgl. Pickerings berühmte Emulsion). Diese Emulsion blieb jedoch nur einige Stunden beständig. Man stellte auch steife, zähe Emulsionen von Wasser in Benzol her unter Verwendung von Aluminiumpalmitat; das Wasser nahm dabei aber die Form großer unregelmäßiger Tropfen an, die in einem umfangreichen gelatinösen Niederschlag eingeschlossen waren. Solche „quasi-Emulsionen" waren in etwa 30 Minuten entmischt.

---

[1]) Journ. phys. chem. Bd. 22, S. 68 u. 95. 1918.
[2]) Marshall: Pharmaceut. Journ. Bd. 28, S. 257. 1909; Fischer und Hooker: „Fats and Fatty Degeneration". S. 31, 44. 1917.
[3]) Hofmann: Zeitschr. f. physikal. Chem. Bd. 63, S. 295. 1914.
[4]) Parsons and Wilson: Journ. of industr, a. engineer. chem. Bd. 13, S. 1119. 1921.
[5]) U. S. Pat. 1 176 378. 1916; 1 230 599. 1917; 1 373 661. 1921.
[6]) U. S. Pat. 1 231 554. 1917.
[7]) Bancroft: Journ. phys. chem. Bd. 17, S. 501. 1913.
[8]) Briggs and Schmidt: Journ. phys. chem. Bd. 19, S. 484. 1915.
[9]) Vgl. Clayton: „Margarine". 1920. S. 71.
[10]) Journ. phys. chem. Bd. 18, S. 45. 1914.
[11]) Bancroft: Journ. phys. chem. Bd. 17, S. 514. 1913.
[12]) Journ. phys. chem. Bd. 19, S. 491. 1915.

Feinverteilte feste Körper als Emulgatoren. Feinverteilte feste Körper können in manchen Fällen Emulgierung von Ölen in Wasser oder von Wasser in Öl hervorrufen. So fand Lahache[1]), daß der „Tfol" (eine nordafrikanische Tonerde) leicht Öle in Wasser emulgiert, und daß er als Ersatz für Seife gebraucht werden kann. Die erste ausgedehnte Untersuchung über unlösliche Emulgatoren wurde jedoch von Pickering[2]) angestellt. Er stellte fest, daß die basischen Sulfate des Eisens, Kupfers, Nickels, Zinks und Aluminiums wirksame Emulgatoren für die Herstellung von Mineralöl in Wasser sind. Andere gut brauchbare Emulgatoren waren frisch gefälltes Calciumcarbonat- und -arsenat, Bleiarsenat und verschiedene ungebrannte feine Tone. Unbeständige quasi-Emulsionen wurden hergestellt durch Kalk, Kieselsäure, getrocknete Tonerde oder Gips; auch durch frisch gefälltes basisches Cadmiumsulfat, Magnesiumhydroxyd, Kupferhydroxyd, Zinnoxychlorid und Eisen- und Kupfersulfid. Pickering[3]) nahm an, daß die Emulgierung von der Teilchengröße des Emulgators abhing und daß die Größe der emulgierten Kügelchen sich unmittelbar mit der Teilchengröße des Emulgators veränderte[4]). Er wies auch auf die durchaus richtige Bedingung hin, daß Öl/Wasseremulsionen nur gebildet werden, wenn der feinverteilte feste Emulgator leichter von Wasser als von Öl benetzbar ist.

Briggs und Schmidt[5]) fanden, daß eine wässerige Suspension von hydratisiertem Eisenoxyd ein „ganz guter" Emulgator für Benzol ist. Später zeigte Briggs[6]), daß hydratisiertes Eisenoxyd, Arsensulfid und feingepulverte Tonerde die Bildung von Emulsionen von Benzol und Kerosin in Wasser begünstigen. Auf der anderen Seite rufen Ruß und Quecksilberjodid die Emulgierung von Wasser in Benzol oder Kerosin hervor.

Schlaepfer[7]) stellte im Jahre 1918 den Satz auf: „Unlösliche Teilchen, die eher von Öl als von Wasser benetzt werden, werden dazu neigen, die Emulgierung von Wasser in Öl zu begünstigen." Er fand, daß bei Anwendung von 1 g Kohlenstoff (bester amerikanischer Ruß) 70 Volumenprozent Wasser in 30 Volumenprozent Kerosin dispergiert werden können. Es entsteht dabei eine sehr viscöse Emulsion, die mindestens eine Woche lang beständig ist. Es war aber nicht möglich,

---

[1]) Pharmaceut. Journ. Bd. 6, S. 1228. 1898.
[2]) Journ. of the chem. soc. (London) Bd. 91, S. 2001. 1907.
[3]) Journ. of the soc. chem. ind. Bd. 29, S. 129. 1910.
[4]) In diesem Zusammenhang muß auch auf die interessante Arbeit von J. Alexander: „The Zone of Maximum Colloidality", aufmerksam gemacht werden (Journ. of the Americ. chem. soc. Bd. 43, S. 434. 1921.)
[5]) Journ. phys. chem. Bd. 19, S. 484. 1915.
[6]) Journ. of industr. a. engineer. chem. Bd. 13, S. 1008. 1921.
[7]) Journ. of the chem. soc. (London) Bd. 113, S. 522. 1918.

eine Emulsion von Kerosin in Wasser mit Hilfe von Ruß herzustellen. Diese Befunde wurden von Moore[1]) bestätigt, der die Emulgierung von Wasser und von wässeriger Ammoniumchloridlösung in Kerosin untersuchte. Er fand erstens: je größer im allgemeinen die angewandte Menge Kohlenstoff (Lampenruß), desto kleiner die Durchmesser der emulgierten Wasserkügelchen; zweitens: hält man das Volumen des Kerosins konstant, so wachsen die mittleren Durchmesser der emulgierten Kügelchen in dem Maße, in dem das Gesamtvolumen der Flüssigkeiten wächst. Die konzentrierteren Emulsionen, besonders diejenigen, die 50 Volumenprozent normal NH_4Cl enthielten, waren fest und steif, von butterähnlicher Konsistenz und sehr beständig. Zur Herstellung von 30 ccm einer solchen Emulsion waren 0,5 g Lampenruß nötig.

Briggs[2]) zeigte, daß gewisse feinverteilte feste Körper bei gleichzeitiger Anwendung antagonistische emulgierende Wirkung ausüben können. Fügt man z. B. zu 0,8 g Ruß, der gewöhnlich 25 ccm Wasser in 15 ccm Kerosin dispergiert, 0,1 g Kieselsäure (gesiebt durch ein 350-Maschensieb), so bekommt man keine Emulsion. Andererseits kann Kerosin in einer wässerigen Suspension von Kieselsäure emulgiert werden; bei Anwesenheit aber einer ausreichend großen Menge Ruß kann man keine Emulsion herstellen. Ebenso verhindert 1 Teil Quecksilberjodid in 20 Teilen Kieselsäure, daß letztere 25 ccm Kerosin in 25 ccm Wasser emulgiert. Es sind bisher noch keine Untersuchungen angestellt worden über die etwaigen antagonistischen Wirkungen von feinverteilten festen Körpern und Körpern in kolloider Lösung, wie z. B. Seifen oder Gelatine, obwohl diese von großer theoretischer Bedeutung wären.

Weston[3]) hat Untersuchungen über kolloiden Ton, der ein wirksamer Emulgator für Öl und Fette ist, angestellt. Nach ihm kann kolloider Ton sowohl die Emulgierung von Öl in Wasser als auch von Wasser in Öl erleichtern[4]). Ein solches Ergebnis fordert unbedingt zu weiteren Untersuchungen auf, da man auf Grund unserer heutigen Kenntnisse annimmt, daß ein gegebener Emulgator nur eine Art von Emulsion hervorrufen kann. Kieselgur ist von Lapworth und Pearson[5]) als Emulgator benutzt worden bei ihren Untersuchungen über die Reduktion emulgierter Nitroverbindungen. Sheppard[6]) wandte schlecht lösliche Salze, wie z. B. $PbSO_4$, an, um Nitrobenzol in Mineralsäuren zu emulgieren.

---

[1]) Journ. of the Americ. chem. soc. Bd. 41, S. 940. 1919.
[2]) Journ. of industr. a. engineer. chem. Bd. 13, S. 1008. 1921.
[3]) Chemical age Bd. 4, S. 604, 638. 1921.
[4]) Loc. cit. S. 640.
[5]) Journ. of the chem. soc. (London) Bd. 119, S. 765. 1921.
[6]) Journ. of phys. chem. Bd. 23, S. 634. 1919.

Bhatnagar[1]) benutzte Niederschläge von Zinkhydroxyd, Aluminiumhydroxyd und Bleioxyd, um Emulsionen vom Wasser/Öltypus herzustellen (siehe Kapitel V).

Ausführliche Untersuchungen über feinverteilte feste Körper als Emulgatoren sind von Bechhold, Dede und Reiner[2]) angestellt worden. Sie fanden, daß die Bildung von Emulsionen beruht:
1. auf der Korngröße des Pulvers. Je kleiner das Korn, desto besser die Emulsion. Nach Erreichung optimaler Verhältnisse aber, zeigen noch kleinere Körner weniger gute emulgierende Eigenschaften.
2. auf der Menge des Pulvers. Je mehr Pulver zur Verfügung steht, desto mehr Kügelchen können damit bedeckt werden, vorausgesetzt, daß das Pulver fein genug ist.

Die untersuchten festen Körper waren Zinkstaub, Eisenpulver, Ton, Kieselgur und Hefe. Man fand sie ebenso wirksam wie Lösungen von Hämoglobin oder Eialbumin um Benzol, Paraffinöl, Nitrobenzol, Anilin, Isobutylaldehyd, Schwefelkohlenstoff und verschiedene andere organische Flüssigkeiten in Wasser zu emulgieren.

Die Wirksamkeit von Emulgatoren. Man hat noch keinen systematischen Versuch gemacht, um all die verschiedenen Emulgatoren nach ihrer Fähigkeit zu ordnen, beständige Emulsionen herzustellen und zu erhalten. Man weiß deshalb nur ganz allgemein, daß gewisse Substanzen bessere Emulgatoren als andere sind, um, beispielsweise, Emulsionen von reinem Olivenöl oder reinem Mineralöl in Wasser herzustellen.

Moore und Krumbholz[3]) haben eine Mitteilung gemacht über „die relative Stärke verschiedener Formen von Eiweißkörpern bei der Erhaltung von Emulsionen". Bei der Herstellung von Olivenöl/Wasseremulsionen fanden sie, daß die folgenden Eiweißkörper in steigender Ordnung emulgierende Eigenschaften besitzen: Albumose, Blutserum, Eierweiß, Acidalbumin, Alkalialbumin. Albumose war so gut wie unwirksam, Blutserum und Eierweiß waren nur schlechte Emulgatoren, während die beiden Albumine sehr wirksam waren. Die erhaltenen Ergebnisse waren jedoch nur qualitativer Natur.

Vor kurzem haben Clark und Mann[4]) die emulgierenden Fähigkeiten von Rohrzucker, Dextrin, Stärke, Gummi arabicum und Eialbumin untersucht. Emulsionen von Benzol und Kerosin wurden in verschieden konzentrierten wässerigen Lösungen der Emulgatoren hergestellt. Die Ölphase betrug immer 75% des Gesamtvolumens. Nach 7 Wochen

---

[1]) Journ. of the chem. soc. (London) Bd. 119, S. 1760. 1921.
[2]) Kolloid-Zeitschr. Bd. 28, S. 6. 1921.
[3]) Proc. of the physiol. soc. of London Bd. 54, S. 22. 1898; Fischer u. Hooker: „Fats and fatty Degeneration". S. 32, 1917, haben sehr ähnliche Beobachtungen gemacht.
[4]) Journ. of biol. chem. Bd. 52, S. 160. 1922.

wurden die Emulsionen gemäß ihrer Stabilität, d. h. gemäß der Wirksamkeit der Emulgatoren, auf einer Skala von 10 Einheiten eingetragen.

Es wurde bei Emulgierung von Benzol in 1proz. Lösungen der Emulgatoren folgende Gradeinteilung gegeben: Eialbumin 10; Stärke 6; Gummi arabicum 5; Dextrin 3; Rohrzucker 0. Bei Emulgierung von Kerosin war die Gradeinteilung die folgende: Eialbumin 10; Stärke 9; Gummi arabicum 3; Dextrin 2; Rohrzucker 2.

Die Anwesenheit von Elektrolyten beeinflußt die emulgierenden Fähigkeiten. Eialbumin zeigte sich aber immer noch als wirksamster Emulgator, und die Emulsionen erhielten auf der willkürlichen Skala immer 10 Punkte, wenn HCl, NaJ, NaOH, NaHCO$_3$ oder Na$_2$SO$_4$ in der geschlossenen Phase vorhanden waren.

Marshall[1]) führte einige Versuche über Emulgierungsfähigkeit aus; er fand, daß, während Gummi arabicum in 4 ccm Wasser 21 ccm Mandelöl emulgiert, 1 g Schmierseife in 4 ccm Wasser 210 ccm Mandelöl emulgiert. Eine Lösung von 0,2 g Saponin in 4 ccm Wasser war imstande, 90 ccm Mandelöl zu emulgieren. Marshall bestimmte dann die Mengen von verschiedenen Emulgatoren und Wasser, die notwendig waren, um 200 ccm Mandelöl zu emulgieren. Die Versuche wurden bei 13° C ausgeführt; die angewandte Methode war die in der pharmazeutischen Praxis übliche, durch Verreiben in einem Mörser. Die benötigten Mengen waren: Gummi arabicum 10 g in 23 ccm Wasser; Schmierseife 1 g in 3,8 ccm Wasser; Saponin 0,2 g in 9,6 ccm Wasser; kondensierte Milch 5 g in 20 ccm Wasser.

Crockett und Oesper[2]) und auch Hiss[3]) haben qualitativ festgestellt, daß Tragant weit ungeeigneter als Gummi arabicum ist, um pharmazeutische Emulsionen herzustellen. Briggs und Schmidt[4]) haben ausgeführt, daß sich eine 1proz. Gummi-arabicum-Lösung zur Emulgierung von Benzol in Wasser weniger gut eignet als eine 1proz. Gelatinelösung; letztere wieder ist den Alkaliseifen weit unterlegen.

Pickering[5]) teilte „gute" Emulgatoren für Mineralöle in Wasser folgendermaßen ein: Schmierseife ist am wirksamsten, „Gelöste Stärke, Milch und Mehl sind gut, obwohl letzteres eine flockige und nicht eine rahmartige Emulsion bildet. Milch führt zur Bildung fester Klumpen. Leim emulgiert gut, ebenso Eialbumin, aber die durch letzteres gebildete Emulsion ist infolge eingeschlossener Luftblasen ziemlich schaumig. Saponia- und Quillajarinde geben gute Emulsionen, falls der Ölanteil nicht groß ist."

---

[1]) Pharmaceut. Journ. Bd. 28, S. 257—266. 1909.
[2]) Journ. of industr. a. engineer, chem. Bd. 9, S. 967. 1917.
[3]) Bull. des sciences pharmacol. Bd. 13, S. 229. 1899.
[4]) Journ. phys. chem. Bd. 19, S. 484. 1915.
[5]) Journ. of the chem. soc. (London) Bd. 91, S. 2002. 1907.

Die emulgierende Fähigkeit der Natriumsalze der Fettsäuren der Paraffinreihe sind von Donnan und Potts[1]) untersucht worden, die ein reines Kohlenwasserstofföl und Wasser benutzten. Nur die höheren Glieder der Reihe, vom Natriumlaureat an aufwärts, hatten emulgierende Eigenschaften. Donnan und Potts brachten dies Verhalten in Zusammenhang mit der kolloiden Natur der höheren Seifen (siehe S. 43).

Briggs und Schmidt[2]) beobachteten, daß harzsaures Natrium (reine Harzseife) Benzol in Wasser nicht so gut emulgiert wie Natriumoleat. White und Marden[3]) untersuchten die emulgierende Fähigkeit von Natriumstearat und Natriumpalmitat bei der Herstellung von Emulsionen von Kerosin und Leinöl in Wasser. Sie brachten die erhaltenen Ergebnisse mit den Werten für die Oberflächenspannung der Seifenlösung in Beziehung. Sie erhielten jedoch keine sehr eindeutigen Befunde über die Wirksamkeit der Emulgatoren.

Man hat so gut wie keinen Versuch gemacht, um die Emulgatoren, die Wasser/Ölemulsionen bilden, quantitativ nach ihren emulgierenden Fähigkeiten zu ordnen. Briggs und Schmidt fanden, daß Bariumoleat zur Herstellung von Wasser/Benzolemulsionen viel weniger wirksam ist als Magnesiumoleat, während Magnesiumresinat, Kupferresinat und Bleioleat gänzlich unwirksam sind.

Es ist sehr schwierig, die feinverteilten festen Körper nach ihrer Fähigkeit, Emulsionen hervorzurufen, zu ordnen. Ganz allgemein fand Pickering, daß basisches Eisensulfat Öle in Wasser sehr gut emulgiert. Dann kommen in absteigender Ordnung basisches Kupfersulfat, basisches Nickelsulfat und basisches Aluminiumsulfat. Kalk, Kieselsäure, Tonerde, Gips und feine, getrocknete Pulver rufen nur unbeständige quasi-Emulsionen hervor.

Die Hauptpunkte, die bei einem Versuch, feinverteilte feste Körper als Emulgatoren für ein gegebenes Öl in Wasser nach ihrer Wirksamkeit zu ordnen in Betracht kommen, sind: 1. die Benetzung des festen Körpers durch die einzelnen Flüssigkeiten (dies könnte z. B. bestimmt werden durch die Messung der Randwinkel; siehe S. 58); 2. die Größe der Teilchen; 3. die unter genau festgelegten Bedingungen notwendigen Mengen.

Die Emulgierbarkeit von Ölen in Wasser. Bei einem gegebenen Emulgator und Wasser besteht die theoretische Möglichkeit, daß verschiedene Öle bis zu einem verschiedenen Grade emulgiert werden. Es liegen nur wenige quantitative Untersuchungen hierüber vor. Clayton[4]) untersuchte mit Hilfe der Donnanschen Tropfenzahlmethode

---

[1]) Kolloid-Zeitschr. Bd. 7, S. 208. 1910.
[2]) Loc. cit.
[3]) Journ. phys. chem. Bd. 24, S. 617. 1920.
[4]) Transact. of the farad. soc. Bd. 16, Appendix, S. 24. 1921.

(siehe S. 87) die Emulgierbarkeit gewisser Genußöle und -fette in Wasser bei verschiedenen Temperaturen. Er fand nur sehr geringe Unterschiede in der Tropfenzahl von 7 häufig gebrauchten Ölen und Fetten. Er erhielt folgende Ergebnisse:

Öl	Temperatur (Celsius)	Tropfenzahl
Erdnußöl	25,5	66,0
	46,0	65,0
	50,0	64,5
Baumwollsamenöl	27,5	65,0
	35,0	65,0
	50,0	63,0
Kokosnußöl	30,0	69,0
	35,0	61,0
	50,0	65,0
Palmenkernöl	30,0	73,0
	35,0	74,0
	50,0	61,0
Schmalzöl	35,0	59,0
	50,0	66,0
Oleomargarin	35,0	66,0
	50,0	69,0
Sojabohnenöl	35,0	68,0
	50,0	68,5

Meunier und Maury[1]) untersuchten die Emulgierbarkeit verschiedener Öle in Wasser nach der Tropfenzahlmethode. Bei 21° erhielten sie folgende Zahlen:

Ochsenklauenöl ...... = 18 Tropfen
Olivenöl .... = 20 ,,
Leinsamenöl .... = 18 ,,
Ricinusöl .... = 9 ,,
Mineralöl (D = 0,934) ... = 9 ,,

Die ersten 3 Öle werden somit ungefähr doppelt so leicht in Wasser emulgiert wie Ricinusöl oder Mineralöl. Sie fanden, daß die Temperatur so gut wie keinen Einfluß auf die Tropfenzahl ausübte, ein Befund, der durch Claytons Untersuchungen bestätigt wird.

Nach der modernen Auffassung der Emulsionen, unter Zugrundelegung der Langmuir-Harkinschen Theorie der gerichteten Moleküle (siehe S. 60), sollten tierische oder pflanzliche Öle und Fette ähnliche Emulgierbarkeit in Wasser oder Seifenlösungen besitzen, da sie zusammengesetzte Glyceride sind. Mineralöle müßten weniger leicht

---

[1]) Collegium 1910, S. 277, 285.

in Wasser emulgierbar sein, da sie keine Carboxyl- oder andere wasseraffine Gruppen besitzen. Die Frage nach der Emulgierbarkeit in reinem Wasser ist jedoch von nur untergeordneter Bedeutung und wird nur untersucht als notwendige Vorstufe für weitere Untersuchungen über die Emulgierung in Wasser, das Emulgatoren enthält. Emulgatoren müssen bei allen, außer bei sehr verdünnten Emulsionen, anwesend sein. In der Technik hat man sich mit der Frage der Emulgierung des Öls bei der Preßschmierung beschäftigt, und es sind verschiedene Methoden ausgearbeitet worden, um die Emulgierbarkeit eines gegebenen Schmieröls in Wasser zu bestimmen. Herschels Methode[1] lautet: ,,1 Teil Öl und 2 Teile Wasser werden 5 Minuten lang in einem gewöhnlichen graduierten 100-ccm-Zylinder mit bestimmter Geschwindigkeit, bei bestimmter Temperatur, mit einem flachen Metallrührer gerührt. Die sich hierbei bildende Emulsion wird bei derselben Temperatur stehengelassen, und von Zeit zu Zeit wird die Menge des sich abscheidenden Öls bestimmt. Die maximale Geschwindigkeit des Abscheidens wird ‚Entmischbarkeit' genannt und wird als Maß für den Widerstand des Öls gegen Emulgierung benutzt."

Die ,,Entmischbarkeit" von Schmierölen, die für Dampfturbinen benutzt werden, ist auch von Philip[2], Delbridge[3] und Conradson[4] untersucht worden. Man hat aber keine wirklich befriedigende Einteilung, die sich auf alle Klassen von Schmierölen anwenden ließe, gefunden.

Geht man von der Frage der Emulgierbarkeit von Ölen in reinem Wasser zu Wasser über, das einen Emulgator enthält, so liegen hier nur Untersuchungen über die Emulgierung von pflanzlichen Ölen in Seifenlösungen vor.

Lehner und Bishop[5] bestimmten die Emulgierbarkeit von 8 Ölen in Natriumoleatlösungen bei 100°. Sie trugen auf der Ordinate die Werte für die ,,Volumenprozente emulgierten Öles" und auf der Abszisse die ,,minimale Menge Natriumoleat" ein, die zur Emulgierung ausreichte. Hierbei erhielten sie mit Baumwollsamenöl, Maisöl, Olivenöl, Rapsöl, Erdnußöl, Sesamöl und Ricinusöl einander sehr ähnliche Kurven. Aus diesen Untersuchungen geht hervor, daß die genannten Öle alle ungefähr gleich stark emulgiert werden.

---

[1] Proc. of the Americ. soc. testing materials Bd. 16, Teil II, S. 248. 1916; U. S. Bur. Standards, tech. papers Nr. 86, S. 1—37. 1917.
[2] Journ. of the soc. chem. ind. Bd. 34, S. 697. 1915.
[3] Proc. of the Americ. soc. testing materials Bd. 20, Teil I, S. 416. 1920.
[4] Ibid. Bd. 16, Teil II, S. 273. 1916.
[5] Journ. phys. chem. Bd. 22, S. 68. 1918.

II. Die Eigenschaften der Emulsionen.

Ohne Zuhilfenahme eines Emulgators beträgt die maximale Konzentration, bis zu der man Öl in Wasser emulgieren kann, 2%[1]). Gewöhnlich sind reine Öl/Wasseremulsionen jedoch sehr verdünnt; die Menge des Öls beträgt etwa 1:10 000. Außer beim Maschinenkondenswasser spielen solche Emulsionen technisch nur eine geringe oder gar keine Rolle. Sie sind jedoch durch ihre große Ähnlichkeit mit kolloiden Suspensionen von großer theoretischer Bedeutung, ferner auch deshalb, weil an ihnen verschiedene interessante Erscheinungen beobachtet worden sind, für die man allerdings heute noch keine befriedigende Erklärung hat.

Erstens kennt man bei Anwendung von reinem Öl und reinem Wasser nur eine Art Emulsion, und zwar die, bei der das Öl in Wasser dispergiert ist. Groschuff[2]) behauptet, sehr verdünnte Emulsionen von Wasser in Benzol und Mineralölen hergestellt zu haben durch Erhitzen des Wassers und Öls in einem geschlossenen Gefäß und nachträglichem Abkühlen auf 18° C. Die Emulsion in Benzol war einige Minuten lang beständig, diejenige in Petroleum 1 Stunde lang, während Paraffinöl und besonders Transformatoröl beständigere Emulsionen gaben. Sehr ähnliche Befunde sind von Hall[3]) veröffentlicht worden. Das Bemerkenswerte an den Befunden dieser beiden Untersucher ist, daß, je reiner das Material, desto unbeständiger die Emulsion. Die beständigeren Emulsionen erhielt man in beiden Fällen mit Ölen, in denen höchstwahrscheinlich kolloide Beimengungen enthalten waren. Infolgedessen kennen wir bei reinem Öl und Wasser beständige Emulsionen nur vom Typ der Öl/Wasseremulsion. Es hat bisher noch niemand versucht, eine Erklärung für diese Tatsache zu geben. Es wäre sicherlich sehr lohnend Untersuchungen über die Bildung von Wasser/Ölemulsionen unter Anwendung ganz einwandfreier Substanzen anzustellen.

Die Größe der Teilchen. Die Ölkügelchen in reinen Öl/Wasseremulsionen haben Durchmesser von der Größenordnung 10^{-5} cm, während die Teilchendurchmesser bei kolloiden Suspensionen 10^{-3} cm betragen. Bei seinen Untersuchungen über die Beständigkeit kolloider Lösungen und Emulsionen in ihrem Verhältnis zur Oberflächenspannung sagte Donnan[4]) auf Grund thermodynamischer Überlegungen voraus, daß ein kritischer Teilchendurchmesser vorhanden sein müsse, wenn

---

[1]) Lewis: Kolloid-Zeitschr. Bd. 4, S. 211. 1909.
[2]) Kolloid-Zeitschr. Bd. 9, S. 257. 1911.
[3]) Journ. phys. chem. Bd. 21, S. 609. 1917.
[4]) Zeitschr. f. physikal. Chem. Bd. 46, S. 197. 1903; desgl. ibid. Bd. 37, S. 735. 1901.

die eine Phase in der anderen sehr fein verteilt ist. Die erwartete Größenordnung ist 10^{-5} cm.

Lewis[1]) zeigte an verschiedenen Emulsionen von Öl in Wasser annäherungsweise das Vorhandensein dieser kritischen oder Gleichgewichtsgröße der Kügelchen. Er erhielt durch 48stündiges Schütteln eines gereinigten Mineralöls in Wasser eine Emulsion (ihr maximaler Ölgehalt betrug 2%), in der der Durchmesser der Ölkügelchen $4 \cdot 10^{-5}$ cm betrug, ein Wert von derselben Größenordnung, wie sie Burton[2]) für kolloide Metalle gefunden hat. Lewis stellte dann Emulsionen her 1. durch Erhitzen von Öl und Wasser im Rückflußkühler während 30 Stunden; dabei kommt teilweise Emulgierung zustande; 2. durch Eingießen einer alkoholischen Öllösung in Wasser; er erhielt hierdurch eine milchige Emulsion; 3. durch Dampfdestillation von Anilin, wodurch eine unbeständige Emulsion von Anilin in Wasser entsteht. In allen Fällen besaßen die Tropfen Durchmesser von der Größenordnung 10^{-5} cm.

Lewis[3]) hat den Grenzwert der Kügelchengröße in Emulsionen in seinem Verhältnis zur Grenzflächenspannung und elektrischen Ladung diskutiert. In der Annahme, daß die Kügelchen isolierte, geladene Kugeln sind — die Ladung ist unabhängig von der Größe —, kann man die einander entgegengerichteten Wirkungen der Grenzflächenspannung und der elektrischen Ladung gleichsetzen. Man gelangt so zu der Gleichung

$$r = \sqrt[3]{\frac{e^2}{16\pi\sigma D}},$$

wo r der Radius eines Kügelchens, e die elektrische Ladung, D die Dielektrizitätskonstante und σ die Grenzflächenspannung zwischen Öl und Wasser ist. Ist dieses Gleichgewicht erreicht, so hört der Einfluß der Krümmung auf die Löslichkeit auf, und die Kügelchen können mit einer ebenen Oberfläche im Gleichgewicht bleiben. Knapp[4]) hat diese Überlegungen weitergeführt und gezeigt, daß, wenn S_r die Löslichkeit eines Kolloidteilchens vom Radius r und S die gewöhnliche Löslichkeit ist, so ist:

$$S_r = S_{\varepsilon}^{\frac{\alpha}{r} - \frac{\beta}{r^4}}, \tag{I}$$

wo α und β Konstanten und gleich $\dfrac{2\sigma M}{RTd}$ und $\dfrac{e^2 M}{8\pi DRTd}$ sind; hier ist M das Molekulargewicht der dispersen Phase, R die Gaskonstante, T die absolute Temperatur und d die Dichte der dispersen Phase.

---

[1]) Kolloid-Zeitschr. Bd. 4, S. 211. 1909.
[2]) Philosoph. mag. Bd. 11, S. 425; Bd. 12, S. 472. 1906.
[3]) Kolloid-Zeitschr. Bd. 5, S. 913. 1909.
[4]) Transact. of the farad. soc. Bd. 17, S. 457. 1922.

Durch Differentiation erhält man:

$$\frac{dS_r}{dr} = S \varepsilon^{\frac{\alpha}{r} - \frac{\beta}{r^4}} \left(\frac{4\beta}{r^5} - \frac{\alpha}{r^2} \right), \qquad \text{(II)}$$

dieser Ausdruck ist gleich 0, wenn

$$r = \sqrt{\frac{4\beta}{\alpha}} = \sqrt[3]{\frac{e^2}{4\pi D\sigma}} \qquad \text{(III)}$$

ist. Wenn r diesen Wert annimmt, wird der zweite Differentialquotient von (II) negativ, so daß in diesem Punkte ein Maximum der Löslichkeit vorhanden ist. Wenn r sich Null nähert, nähert sich S_r Null; wenn r unendlich ist, ist S_r gleich S. Diese Ergebnisse werden von Knapp in Abb. 1 graphisch dargestellt.

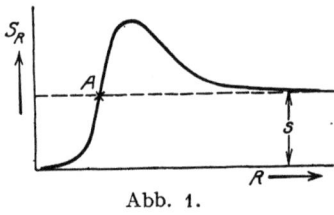

Abb. 1.

Bei der Herstellung von Emulsionen ist die disperse Phase sowohl als zusammenhängende Masse wie auch in Form kleiner Kügelchen vorhanden. Die Größe der Teilchen nimmt zu oder ab, bis ihre Löslichkeit derjenigen der Hauptmasse gleich wird. Diese besitzt eine annähernd ebene Oberfläche.

Damit ein Teilchen mit endlichem Radius sich mit einer ebenen Oberfläche im Gleichgewicht befinde, muß die Löslichkeit gleich S sein. Nach Gleichung (I) ist dieser Wert von S_r gegeben, wenn

$$\varepsilon^{\frac{\alpha}{r} - \frac{\beta}{r^4}} = 1$$

ist; dies ist der Fall, wenn

$$\frac{\alpha}{r} - \frac{\beta}{r^4} = 0$$

oder

$$r = \sqrt[3]{\frac{\beta}{\alpha}} = \sqrt[3]{\frac{e^2}{16\pi D\sigma}}$$

ist. Dieser Gleichgewichtswert des Radius ist in Abb. 1 die Ordinate des Punktes A. Für die weitere mathematische Behandlung dieser Frage, insbesondere in ihrer Beziehung zu elektrischen Doppelschichtwirkungen sei auf Knapps Arbeit verwiesen.

Während Lewis als Größenordnung für die Durchmesser seiner Emulsionsteilchen 10^{-5} cm fand, erhielt Ellis[1] bei Benutzung sehr ähnlicher Emulsionen, die hergestellt wurden durch 2—3 tägiges Schütteln eines besonderen säurefreien Zylinderöls mit Wasser, Durchmesser von der Größenordnung $2 \cdot 10^{-4}$ cm. Elektrolyte übten, wie wir später

---

[1] Zeitschr. f. physikal. Chem. Bd. 80, S. 604. 1912.

sehen werden, einen augesprochenen Einfluß auf die Größe der Kügelchen aus. Powis[1]) fand bei ähnlichen Emulsionen, daß die Durchmesser nur weniger Kügelchen größer als $3 \cdot 10^{-4}$ cm oder kleiner als $0,5 \cdot 10^{-4}$ cm waren.

Es dürfte von Interesse sein, zum Vergleich die Kügelchengröße einiger typischer Dreiphasenemulsionen anzuführen. Baldwin[2]) fand, daß die Durchmesser der Butterfettkügelchen in der Kuhmilch 0,005 bis 0,006 mm ($5-6\,\mu$) betragen. Durch Homogenisieren, d. h. durch weitere Zerkleinerung der Kügelchen, wurden die Durchmesser auf $1-2\,\mu$ reduziert (siehe Kapitel VIII). Schultz und Chandler[3]) fanden, daß während in Kuhmilch 90% der Kügelchen größer als $4\,\mu$, in Ziegenmilch 91% der Kügelchen kleiner als $4\,\mu$ sind, und von diesen sind über 50% kleiner als $2\,\mu$. Nach Bechhold[4]), der Kuhmilch untersuchte, sind die Kügelchendurchmesser im Mittel $3\,\mu$, während die Grenzwerte $0,1-22\,\mu$ sind.

Eine von Henri[5]) untersuchte Kautschukmilchsaft-Emulsion enthielt Teilchen, deren Durchmesser zu etwa 50% $2\,\mu$ betrugen. Der Durchmesser der übrigen Teilchen betrug $0,5\,\mu$.

Roon und Oesper (siehe S. 39) stellten Emulsionen von Baumwollsamenöl, Benzol, Paraffin, Kohlenstofftetrachlorid und Chloroform in wässerigen Seifenlösungen her. Die Teilchendurchmesser betrugen etwa $1-2\,\mu$. Benutzte man Gummi-arabicum-Lösungen an Stelle von Seifenlösungen, so erhielt man größere Teilchen mit einem Durchmesser von $3-50\,\mu$.

Die Konzentration von Emulsionen. Es ist schon darauf hingewiesen worden, daß unter Anwendung von reinem Öl und Wasser, die maximale Menge Öl, die man bisher in Wasser emulgiert hat, 2% betrug. Faßt man die Ölkügelchen als starre Kugeln von gleichem Durchmesser auf, so müßte es theoretisch möglich sein, die Kugeln so unterzubringen, daß jede Kugel 12 andere berührt. Diese größtmögliche Anhäufung, d. h. Konzentration, tritt auf, wenn etwa 74% des im ganzen zur Verfügung stehenden Raumes von den Kugeln eingenommen werden. Es können also theoretisch annähernd 74% Öl in etwa 26% Wasser emulgiert werden (siehe S. 27). Bei deformierbaren Kugeln, wie es die Ölkügelchen tatsächlich sind[6]), kann an den Berührungsstellen eine Abplattung der Kugeln eintreten, wodurch polyedrische

---

[1]) Zeitschr. f. physikal. Chem. Bd. 89, S. 91. 1915.
[2]) Americ. journ. of public health Bd. 6, S. 862. 1916.
[3]) Journ. of biol. chem. Bd. 46, S. 133. 1921.
[4]) Die Kolloide in Biologie und Medizin, S. 376. 1919,
[5]) Kolloid-Zeitschr. Bd. 1, S. 116. 1906; vgl. Fickendey: ibid. Bd. 8, S. 42. 1911; Geer: Journ. of industr. a. engineer. chem. Bd. 14, S. 370. 1922.
[6]) Siehe auch Hatschek: Kolloid-Zeitschr. Bd. 7, S. 81. 1910.

Formen entstehen. Experimentell fand man, daß unbeständige Emulsionen hergestellt werden können, deren disperse Phase sogar 99% betrug[1]).

Solch konzentrierte Emulsionen verlangen jedoch die Anwesenheit einer dritten Substanz, die imstande ist, ein Adsorptionshäutchen an der Öl/Wassergrenze zu bilden. Der theoretische Fall, in dem 74% reines Öl in 26% reinem Wasser dispergiert sind, ist praktisch niemals verwirklicht worden; auch nicht der umgekehrte Fall. Die von Lewis gefundene 2%-Grenze ist mit der ganzen schwierigen Frage der Sättigungskonzentration kolloider Systeme im allgemeinen verbunden. Zur Zeit reichen unsere Kenntnisse über den tatsächlichen Mechanismus der kolloiden Löslichkeit, sei es für Emulsionen, Suspensionen oder sog. kolloide Lösungen, nicht aus, um die Tatsache zu erklären, daß im allgemeinen reine zweiphasige Systeme nur bei niedrigen Konzentrationen beständig zu sein scheinen[2]).

Die elektrische Ladung. Die Ölkügelchen in Öl/Wasseremulsionen haben, wie durch kataphoretische Versuche nachgewiesen wurde, negative Ladung. Die Frage nach dem Ursprung dieser Ladung, wie die allgemeinere Frage nach dem Ursprung der Ladung kolloider Teilchen überhaupt, steht noch offen. Eine Zeitlang nahm man auf Grund einer von Coehn[3]) empirisch gefundenen Regel an, daß bei der Berührung zweier Phasen die Phase mit der höheren Dielektrizitätskonstante positive Ladung annimmt. Abgesehen davon, daß hierdurch kein Anhaltspunkt für den Ursprung der Ladung gegeben wird, hat man jetzt viele Ausnahmen von dieser Regel gefunden.

Man nimmt heute an, daß die elektrische Ladung durch die Adsorption von Ionen hervorgerufen wird. Bei negativ geladenen Emulsionen müssen OH'-Ionen an der Oberfläche der Ölkügelchen adsorbiert sein. Auch wenn Emulsionen aus absolut reinem Öl und reinem Wasser hergestellt werden, müssen infolge der Dissoziation des Wassers Wasserstoff- und Hydroxylionen anwesend sein, und folglich können OH'-Ionen adsorbiert werden. Man hat jedoch noch keine bestimmte Vorstellung über den tatsächlichen Mechanismus solcher Adsorption, obwohl eine wichtige Arbeit von Mukherjee[4]) über die Natur der chemischen Kräfte, auf denen die Adsorption beruhen könnte, zur Förderung dieser Frage beitrug.

---

[1]) Pickering: Kolloid-Zeitschr. Bd. 7, S. 11. 1910.
[2]) Eine ausführlichere Besprechung der Frage der Sättigung in kolloiden Lösungen siehe Ostwald: Grundriß der Kolloidchemie, S. 166, 1921.
[3]) Wied. Ann. Bd. 64, S. 227. 1898; Zeitschr. f. Elektrochem. Bd. 16, S. 586. 1910.
[4]) Transact. of the farad. soc. Bd. 16, Appendix, S. 103—115. 1922.

Es wird angenommen, daß die adsorbierten Ionen in der Nähe der Oberfläche der Kügelchen angehäuft sind, und zwar in der Flüssigkeitsschicht, die die Kügelchen unmittelbar umgibt. Man muß dann annehmen, daß eine entsprechende Anzahl Ionen entgegengesetzten Vorzeichens in der Flüssigkeit vorhanden sind. Die Entfernung eines Kügelchens von seiner adsorbierten Ionen„schicht" wird auf etwa $5 \cdot 10^{-7}$ cm geschätzt[1]). Die Ionen, die der Oberfläche die Ladung erteilen, sind, mit molekularen Dimensionen verglichen, voneinander weit entfernt.

Die beiden Belegungen entgegengesetzt geladener Ionen werden häufig als Helmholtzsche Doppelschicht bezeichnet[2]). Man kann das Ölkügelchen und seine Doppelschicht als kleinen Kondensator auffassen, wobei eine bestimmte Potentialdifferenz zwischen dem Öl und der inneren Belegung vorhanden ist. Ein solches System müßte geschlossen und einem äußeren Felde gegenüber elektrisch neutral sein. Aus diesem Grunde wird eine gewisse „Nachgiebigkeit" oder „Gleitfähigkeit" zwischen dem Kern und der äußeren Ionenbelegung[3]) gefordert, da die Ölkügelchen in Emulsionen im elektrischen Felde zur Anode wandern.

Lewis[4]) hat die Potentialdifferenz zwischen den Ölkügelchen und Wasser in einer gereinigten Mineralölemulsion untersucht. Ein Kataphoreseversuch in einem U-Rohr bei 25° unter Anlegung einer EMK von 230 Volt zeigte, daß die Ölkügelchen sich mit einer Geschwindigkeit von $4,3 \cdot 10^{-4}$ cm/sec bei einem Potentialabfall von 1 Volt pro Zentimeter bewegen. Bei Anwendung von Burtons[5]) Formel:

$$V = \frac{4\pi v}{D \cdot X}$$

war der Wert für V gleich 0,05 Volt. In obiger Formel ist V die Potentialdifferenz zwischen einem Ölkügelchen und Wasser, D die Dielektrizitätskonstante des Wassers, η die Viscosität des Wassers, v die Geschwindigkeit eines Kügelchens in cm/sec bei einem Spannungsabfall von X Volt pro Zentimeter. Später erhielt Lewis[6]) 0,06 Volt als Wert für V bei einer Kohlenwasserstoffölemulsion. Ellis[7]) bestimmte in sorgfältigen Kataphoreseversuchen folgende Werte für

---

[1]) v. Hevesy: Kolloid-Zeitschr. Bd. 21, S. 129. 1917.
[2]) Wied. Ann. Bd. 7, S. 337. 1879.
[3]) Lamb: Philosoph. mag. 1888.
[4]) Kolloid-Zeitschr. Bd. 4, S. 211. 1909.
[5]) Siehe „Physical properties of colloidal solutions" 2. Aufl., S. 137. 1921.
[6]) Philosoph. mag. Bd. 19, S. 573. 1910.
[7]) Zeitschr. f. physikal. Chem. Bd. 78, S. 321. 1912.

die Beweglichkeiten von Ölkügelchen in verdünnten zweiphasigen Emulsionen und für die Potentialdifferenz zwischen Öl und Wasser:

Öl	Beweglichkeit in cm/sec pro Volt/cm · 10^{-4}	P.-D. in Volt
Besonders säurefreies Öl	3,59	0,050
Säurefreies Öl	3,24	0,045
Reines flüssiges Paraffin	2,93	0,040
Zylinderöl	2,70	0,050
Wasserlösliches Öl	4,80	0,066
Anilin (frisch destilliert)	—	0,043
Chloroform	1,00	0,014
Gummigutt	1,81	0,025
Mastixharz	1,77	0,024

Wir müssen jetzt die elektrische Ladung eines Ölkügelchens betrachten. Es wird nicht die absolute Ladung gemessen, vielmehr die zur Wirkung gelangende Ladung, die eine geringere Größe hat infolge der „Nachgiebigkeit" der elektrischen Doppelschicht. Betrachtet man das Emulsionskügelchen im Wasser als ein Kolloid-Kondensatorsystem, so leuchtet es ein, daß, falls keine „Nachgiebigkeit" oder „Gleitfähigkeit" vorhanden ist, die zur Wirkung gelangende Ladung gleich Null sein würde, obwohl die wirkliche Ladung beträchtlich sein könnte.

Burton[1]) hat die die Helmholtz-Lambsche Theorie über die elektrische Ladung von Kolloiden weiterentwickelt. Lambs Formel für die Geschwindigkeit v, mit der sich ein geladenes Teilchen in einer Flüssigkeit unter Einwirkung einer elektrischen Kraft gleichförmig bewegt, lautet:

$$Xe = 4\pi a^2 \eta v \frac{1}{l}, \qquad (I)$$

hier ist X der Potentialabfall in der Flüssigkeit, e die Teilchenladung, a der Radius des Teilchens, η der Viscositätskoeffizient der Flüssigkeit, l eine lineare Größe, die die Gleitfähigkeit mißt. Diese ist gleich η/β, wo β der Koeffizient der gleitenden Reibung der mit der Wand in Berührung stehenden Flüssigkeit ist.

Betrachtet man das Teilchen mit seiner elektrischen Doppelschicht als einen kleinen Kondensator, der aus zwei konzentrischen Kugeln besteht, deren Entfernung d voneinander im Verhältnis zu a klein ist, so ergibt sich, daß die Kapazität dieses Kondensators sein wird:

$$C = \frac{a^2}{d} \cdot D, \qquad (II)$$

---

[1]) Philosoph. mag. Bd. 11, S. 425.; Bd. 12, S. 472. 1906; Brit. assoc. colloid. reports Bd 4, S. 23. 1922.

wo D die spezifische induktive Kapazität (Dielektrizitätskonstante) der Flüssigkeit ist. Falls V die Kontaktpotentialdifferenz zwischen dem festen Körper und der Flüssigkeit ist, so erhalten wir (da $Q = e \cdot V$ ist):

$$e = V \frac{a^2}{d} \cdot D. \qquad \text{(III)}$$

Durch Einsetzen dieses Wertes von e in (I) und durch Umformung erhält man:

$$V \frac{l}{d} = \frac{4\pi}{D} \cdot \frac{\eta v}{X}. \qquad \text{(IV)}$$

Alle elektrischen Messungen sind in elektrostatischen Einheiten ausgedrückt. Lamb hat Gründe angeführt, die dafür sprechen, daß l und d von derselben Größenordnung (10^{-8} cm) sind, und Burton betrachtet deshalb $\frac{l}{d}$ als angenähert gleich Eins. Man erhält somit:

$$V = \frac{4\pi}{D} \cdot \frac{\eta v}{X}. \qquad \text{(V)}$$

Diesen Ausdruck benutzt Lewis, wie wir bereits angeführt haben, zur Berechnung der Potentialdifferenz an der Ölkügelchen/Wassergrenze. Bei Anwendung von Formel (III) berechnet Lewis[1]) die Ladung e der Teilchen in seiner Ölemulsion zu $4 \cdot 10^{-4}$ elektrostatischen Einheiten. Ebenso findet er unter Benutzung von Befunden von Burton an kolloiden Lösungen von Silber und Platin, daß die Ladung der Teilchen $8 \cdot 10^{-5}$ elektrostatische Einheiten beträgt.

Wendet man diese Formel an, so muß man bei Beurteilung der Ergebnisse berücksichtigen, daß die Werte für d und l noch zweifelhaft sind. Falls $\frac{l}{d}$ doch nicht gleich Eins ist, so sind die Werte für V falsch. Ferner weist Burton darauf hin, daß es fraglich ist, welchen Wert man D erteilen soll, da D sich auf das Medium bezieht, welches die positive und negative Belegung der Helmholtzschen Doppelschicht trennt.

Die Brownsche Molekularbewegung in Emulsionen. Suspensionen feiner Teilchen, feinteilige Emulsionen und kolloide Lösungen von Metallen, Hydroxyden und Sulfiden zeigen alle, unter dem Ultramikroskop betrachtet, eine dauernde Zickzackbewegung der Teilchen der dispersen Phase. Diese Erscheinung wird nach Brown[2]), der die Bewegung von Pollenkörnern in Wasser untersuchte, Brownsche Molekularbewegung genannt. Man nimmt heute an, daß die Bewegung von in Flüssigkeiten feinverteilten Teilchen hervorgerufen wird durch

---

[1]) „System of physical chemistry" Bd. I, 2. Aufl., S. 334.
[2]) Philosoph. mag. Bd. 4, S. 161. 1829.

Bombardement der Teilchen durch die Moleküle der umgebenden Flüssigkeit.

Die Brownsche Molekularbewegung tritt erst bei Suspensionen auf, deren Teilchen kleiner als 3—5 μ sind[1]). In dem Maße, in dem die Größe der Teilchen unter konstanten Bedingungen abnimmt, wird die Brownsche Molekularbewegung lebhafter und translatorische oder auch fortschreitende Bewegung wird sichtbar. Exner[2]), der Guttaperchaemulsionen bei 23° untersuchte, erhielt die folgenden Zahlen für die Abhängigkeit der Brownschen Molekularbewegung von der Teilchengröße:

Durchmesser der Teilchen	Geschwindigkeit der Teilchen
1,3 μ	2,7 pro Sekunde
0,9 μ	3,3 ,, ,,
0,4 μ	3,8 ,, ,,

Er fand bei einer Gummiguttsuspension, daß Teilchen mit einem Durchmesser von 0,4—1,3 μ eine Geschwindigkeit von 3,8—2,7 μ pro Sekunde entsprach. Bei 3 μ war die Bewegung kaum sichtbar, während sie bei 4 μ gleich Null war.

Die Brownsche Molekularbewegung ist der Gegenstand zahlreicher Untersuchungen[3]) gewesen und hat eine sehr wichtige Rolle gespielt beim Nachweis des tatsächlichen Vorhandenseins der Moleküle[4]). Im vorliegenden Buche wird sie nur angeführt als eine Eigenschaft der Emulsionen. Unterliegen Emulsionen einer Behandlung, bei der die Teilchen zu Kügelchen zusammentreten, deren Durchmesser 4 μ überschreitet, so hört die Brownsche Molekularbewegung auf. So fand Henri[5]) (bei Anwendung des Kinematographen), daß bei Zusatz von Essigsäure zu einer Kautschukemulsion die Molekularbewegung schon vor dem tatsächlichen Eintritt der Koagulation immer langsamer wird, um dann ganz aufzuhören. Im Allgemeinen nimmt man an, daß die Brownsche Molekularbewegung bei Erreichung des isoelektrischen Punktes (bei Elektroneutralität) aufhört.

Die Beständigkeit von Emulsionen. Wir haben schon erwähnt, daß konzentrierte Emulsionen die Anwesenheit eines Emulgators verlangen. In solchen Fällen hängt die Beständigkeit der Emulsion von Faktoren ab, die hauptsächlich in Beziehung stehen zu einem Adsorptionshäutchen an der Grenzfläche Öl/Wasser. Diese Frage wird später besprochen (Kapitel V).

---

[1]) Wiener: Poggend. Ann. Bd. 118, S. 79. 1863.
[2]) Ann. d. Physik Bd. 2, S. 843. 1900.
[3]) Siehe Burton: Physical properties of colloidal solutions, Kap. 4.
[4]) Perrin: Kolloidchem. Beih. I. 1906.
[5]) Bull. de la soc. franç. de phys. Bd. 4, S. 45, 61. 1908.

Bei Emulsionen von Öl in reinem Wasser wird die Beständigkeit beeinflußt: a) durch die Grenzflächenspannung, die bestrebt ist, ein Zusammenfließen der Kügelchen herbeizuführen, wodurch die Gesamtoberfläche verkleinert wird; b) durch die Brownsche Molekularbewegung, die zu einem Zusammenstoß der Teilchen führt und so die Beständigkeit ungünstig beeinflußt; und c) durch die elektrische Ladung der Kügelchen, die dazu führt, daß die Kügelchen sich bei großer Annäherung gegenseitig abstoßen.

Bei zweiphasigen Emulsionen, wie sie von Lewis[1]), Ellis, Powis und Hatschek untersucht worden sind, beträgt die Grenzflächenspannung zwischen Öl und Wasser 48 dyn/cm. Pockels[2]) fand als Wert für die Grenzflächenspannung zwischen Wasser und einem Petroleumöl 43,8 dyn/cm.

Die meisten Untersuchungen über die Beständigkeit von Emulsionen beschäftigen sich mit dem Einfluß von Elektrolyten. Hardy[3]) ist der Ansicht, daß Kolloidteilchen bei der Koagulation durch Elektrolyte entgegengesetzt geladene Ionen adsorbieren, wodurch ihre Ladung neutralisiert wird; im isoelektrischen Punkt, wo die Potentialdifferenz zwischen den Teilchen und dem Dispersionsmittel gleich Null ist, ist die Beständigkeit am geringsten. Die Koagulation tritt in einen Bereich ein, dessen Größe von der Wirksamkeit der koagulierenden Faktoren abhängt. Bredig[4]) brachte Hardys Ansichten mit dem Lippmann-Effekt (der Oberflächenspannung und Potentialdifferenz verbindet) in Zusammenhang und schlug folgende Koagulationstheorie vor: Die Grenzflächenspannung zwischen Kolloidteilchen und Dispersionsmittel ist bestrebt, bei ihrer Zunahme eine Verkleinerung der Oberfläche herbeizuführen, und zwar durch Koagulation der Teilchen. Nun hat die Grenzflächenspannung zwischen Quecksilber und einer Elektrolytlösung ihr Maximum, wenn die Potentialdifferenz zwischen den beiden Phasen gleich Null ist. Wenn daher die Potentialdifferenz zwischen Kolloidteilchen und Dispersionsmittel abnimmt, wie infolge von Adsorption entgegengesetzt geladener Ionen bei Zusatz von Elektrolyten, wird die Beständigkeit geringer infolge der Zusammenballung der Teilchen. Ellis[5]) zeigte jedoch, daß Bredigs Theorie für reine Öl/Wasseremulsionen keine Gültigkeit hat. Seine Emulsionen waren am beständigsten bei Gegenwart von 0,001/n-NaOH; bei dieser Konzentration hatte das Kontaktpotential ein Maximum. Ellis fand, daß

---

[1]) Lewis: Philosoph. mag. 1908, S. 509.
[2]) Wied. Ann. Bd. 67, S. 668. 1899.
[3]) Journ. of physiol. Bd. 24, S. 288—304. 1899; Zeitschr. f. physikal. Chem. Bd. 33, S. 385—400. 1900; Nature Bd. 109, S. 226. 1921.
[4]) „Anorganische Fermente". Leipzig 1901.
[5]) Transact. of the farad. soc. Bd. 9, S. 14. 1913.

die Koagulationsgeschwindigkeit der Ölkügelchen praktisch unabhängig war von der Grenzflächenspannung und nur von dem elektrischen Potential an der Oberfläche der Kügelchen abhing. Bei Zusatz von HCl zu einer Öl/Wasseremulsion änderte sich die Grenzflächenspannung nur innerhalb der experimentellen Fehlergrenze, während die Beständigkeit nach Maßgabe der hinzugefügten Säure sehr stark abnahm. Die Ergebnisse von Ellis' Untersuchungen über den Einfluß von Säure und Lauge auf die Grenzflächenspannung, Potentialdifferenz und den Radius der Kügelchen sind in Abb. 2 graphisch dargestellt.

Powis[1]) untersuchte den Einfluß von KCl, BaCl$_2$, AlCl$_3$ und ThCl$_4$ auf die Potentialdifferenz an der Grenzfläche zwischen Öl und

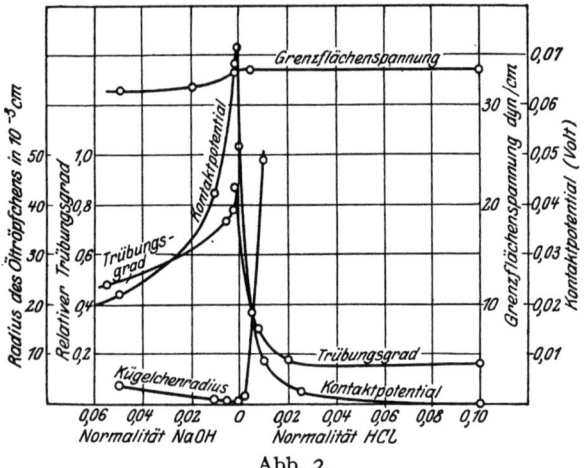

Abb. 2.

Wasser an Emulsionen von Zylinderöl in Wasser. Bei der reinen Emulsion betrug die Potentialdifferenz — 0,046 Volt. Bei Zusatz von KCl stieg zuerst das negative Potential, um jedoch bei größeren Mengen von KCl abzunehmen. Ein ähnliches Maximum fand Ellis für NaOH. Fügt man BaCl$_2$ zu reinen Emulsionen, so ändert sich das Vorzeichen der Potentialdifferenz; sie nimmt einen kleinen positiven Wert an. Die Potentialdifferenz wird bei AlCl$_3$ positiv und bleibt dann konstant, während sie bei ThCl$_4$ positiv wird, durch ein Maximum hindurchgeht und dann abnimmt; sie behält aber ihr positives Vorzeichen bei.

Die Fähigkeit der vier Chloride, die negative Potentialdifferenz zu vermindern, nimmt zu mit steigender Wertigkeit des Kations. Für eine von Powis untersuchte Emulsion sind die Konzentrationen, in Millimol

---

[1]) Zeitschr. f. physikal. Chem. Bd. 89, S. 91. 1914.

pro Liter ausgedrückt, die notwendig sind, um das Potential Öl/Wasser auf Null zu reduzieren (d. h. um den isoelektrischen Punkt zu erreichen):

KCl	etwa 5000
BaCl$_2$	95
AlCl$_3$	0,51
ThCl$_4$	0,0156

Seine Befunde zeigen, daß alle Anionen das Bestreben haben, die Potentialdifferenz negativer, alle Kationen, sie positiver zu gestalten. Powis bringt seine Befunde mit den Anschauungen von Freundlich[1]) in Beziehung, der die Meinung vertritt, daß der Einfluß eines zugefügten Elektrolyten auf die Potentialdifferenz an der Oberfläche eines Kolloidteilchens zurückzuführen ist auf die bevorzugte Adsorption von Anionen oder Kationen. Wird das Kation stärker adsorbiert, so nimmt der Wert der Potentialdifferenz ab; im umgekehrten Falle nimmt er zu.

Später führte Powis[2]) Untersuchungen an Öl/Wasseremulsionen aus, zu denen wieder kleine Mengen der vier Chloride zugefügt wurden. Er fand die sehr wichtige Tatsache, daß die Emulsion verhältnismäßig beständig ist, wenn die Potentialdifferenz Öl/Wasser einen bestimmten kritischen Wert von ungefähr ± 0,03 Volt erreicht. Ist das Potential kleiner, so tritt Koagulation ein, und zwar mit einer für alle Werte des Potentials etwa gleich großen Geschwindigkeit. Dies Verhalten steht im Widerspruch mit der bis dahin geltenden Ansicht, daß die Beständigkeit mit der Potentialdifferenz stetig abnimmt und daß Koagulation im Nullpunkt (isoelektrischen Punkt) eintritt. Ähnliche Ergebnisse erzielte Powis[3]) bei Anwendung von Arsentrisulfidsol[4]). Zur Zeit gibt es keine befriedigende Erklärung für das Bestehen eines kritischen Potentials, und falls weitere Untersuchungen das allgemeine Vorhandensein dieser Erscheinung ergeben sollten, so müßte Hardys Ansicht weitgehend revidiert werden.

Die Untersuchungen von Donnans Schülern Ellis, Powis, Lewis und Bhatnagar an neutralen Ölemulsionen zeigen, daß eine große Ähnlichkeit zwischen solchen „mechanischen" Emulsionen und kolloiden Suspensionen besteht. Bei beiden sind der Grenzwert der Teilchengröße, die elektrische Ladung der Teilchen und die Werte für die Potentialdifferenz ähnlich; die Beständigkeitsverhältnisse bei der Ionenadsorption sind ebenfalls ähnlich. Somit überwiegen die elektrischen Faktoren bei weitem die Wirkung der Grenzflächenspannung.

Ellis[5]) hat sich mit dieser Frage in seiner Abhandlung: „A neutral oil emulsion as a model of a suspension colloid", die einen großen

---

[1]) Zeitschr. f. physikal. Chem. Bd. 73, S. 385. 1910.
[2]) Zeitschr. f. physikal. Chem. Bd. 89, S. 186. 1914.
[3]) Journ. of the chem. soc. (London) Bd. 109, S. 734. 1916.
[4]) Vgl. Willows: Transact. of the farad. soc. Bd. 16, Appendix, S. 101. 1922.
[5]) Transact. of the farad. soc. Bd. 9, S. 14. 1913.

Teil seiner früheren Untersuchungen zusammenfaßt, eingehend auseinandergesetzt.

Bhatnagar[1]) hat den Vergleich noch weiter geführt in seinen Untersuchungen über den Einfluß der Verdünnung bei der Einwirkung von Elektrolyten auf Emulsionen. In einer seiner letzten Arbeiten[2]) werden die Ergebnisse über den Einfluß von KCl, BaCl$_2$ und Al$_2$(SO$_4$)$_3$ auf zweifach, dreifach und vierfach verdünnte Emulsionen mitgeteilt. Bei Anwendung von beständigen Emulsionen von reinem Anilin in Wasser (Konzentration 0,847 g/l bei 46°), bei denen der Einfluß der Schwere ausgeschaltet ist infolge der gleichen Dichte der beiden Flüssigkeiten, erhielt er folgende Ergebnisse:

Elektrolyt (Grammäquivalent pro Liter)		Zeitdauer bis zum Eintritt einer deutlich wahrnehmbaren Veränderung in der Emulsion							
		ursprüngliche Emulsion		zweifach verdünnt		dreifach verdünnt		vierfach verdünnt	
		Min.	Sek.	Min.	Sek.	Min.	Sek.	Min.	Sek.
KCl	a) 0,1	41	0	56	1	115	5	133	10
	b) 0,139	12	8	20	5	41	0	63	9
BaCl$_2$	a) 0,029	10	0	18	7	27	5	40	0
	b) 0,040	2	0	4	6	7	0	13	2
Al$_2$(SO$_4$)$_3$	a) 0,002	10	0	11	1	13	5	15	9
	b) 0,005	2	0	2	53	3	58	7	2

Bhatnagars Befunde stimmen überein mit den Ergebnissen von Westgren und Reitstötter[3]) und von Mukherjee[4]) über den Einfluß der Verdünnung auf die Koagulationsgeschwindigkeit von Suspensoiden. Er fand ebenfalls, daß die Koagulationswerte der Elektrolyte in folgender Reihenfolge zunehmen:

$$Al > Cr > Ba > Sr > K > Na.$$

Diese Reihe stimmt überein mit dem koagulierenden Einfluß der Elektrolyte auf suspensoide Systeme, wie Gold[5], Platin[6]), Ferrocyankupfer[7]), Preußischblau[8]) und Silber[9]).

---
[1]) Transact. of the farad. soc. Bd. 16, Appendix, S. 27. 1921.
[2]) Journ. phys. chem. Bd. 25, S. 735. 1921.
[3]) Zeitschr. f. physikal. Chem. Bd. 92, S. 750. 1918.
[4]) Journ. of the chem. soc. (London) Bd. 117, S. 1569. 1920; Bd. 115, S. 464. 1919.
[5]) Galecki: Zeitschr. f. anorg. Chem. Bd. 74, S. 174. 1912.
[6]) Freundlich: „Kapillarchemie", S. 352, 1909.
[7]) Pappada: Kolloid-Zeitschr. Bd. 6, S. 83. 1910.
[8]) Ibid.: Kolloid-Zeitschr. Bd. 9, S. 136. 1911.
[9]) Ibid.: Gazz. chim. Bd. 42, S. 263. 1912.

Die Viscosität von Emulsionen. In quantitativer Hinsicht sind unsere Kenntnisse über die Viscosität von Emulsionen noch sehr unbefriedigend, da bisher nur wenig darüber gearbeitet worden ist. Verdünnte zweiphasige Emulsionen sind nur wenig zäher als Wasser. Die Viscosität nimmt mit Zunahme des Volumens der dispersen Phase schnell zu. In diesem Falle kommt aber als neuer Faktor die Anwesenheit des Emulgators hinzu.

Hatschek[1]) hat in der Annahme, daß die disperse Phase einer Emulsion mindestens 50% des Gesamtvolumens einnimmt, folgende Gleichung für die Viscosität einer Emulsion abgeleitet:

$$\eta = \frac{\sqrt[3]{A}}{\sqrt[3]{A}-1},$$

worin η der Viscositätskoeffizient der Emulsion ist.

$$A = \frac{\text{Gesamtvolumen der Emulsion}}{\text{Volumen der dispersen Phase}}.$$

Der Ausdruck kann folgendermaßen umgeformt werden:

$$A = \left(\frac{\eta}{\eta-1}\right)^3.$$

Hatschek stellte eine Emulsion von gewöhnlichem Lampenparaffinöl in einer 0,75 proz. Seifenlösung her. Er erhielt hierbei eine ziemlich grobe Emulsion, die sogar makroskopisch sichtbare Ölkügelchen enthielt. Die relativen Viscositäten der Seifenlösung (geschlossene Phase) und der Emulsion verhielten sich wie 135,8 : 1609.

Setzt man die Viscosität der geschlossenen Phase gleich 1, so ist die Viscosität der Emulsion gleich 11,85. Da A gleich $\left(\frac{\eta}{\eta-1}\right)^3$ ist, so folgt, daß $A = 1,302$ ist. Mithin verhält sich das Volumen der dispersen Phase wie 100 : 1,302, das ist gleich 76,7%.

Brachte man 50 ccm der Emulsion durch HCl zur Entmischung, so schieden sich 39,9 ccm des Öls ab, das heißt, das Öl nahm 79,8% des Gesamtvolumens ein, ein Ergebnis, das mit dem berechneten Werte gut übereinstimmte.

Die Viscosität konzentrierter Emulsionen ist eng verknüpft mit der Anwesenheit von Adsorptionshäutchen, die die dispergierten Kügelchen umhüllen. Dies zeigt sich besonders bei dem Homogenisieren von Emulsionen (d. i. bei Vergrößerung des Dispersionsgrades der inneren Phase), wo die Anwesenheit des adsorbierten Emulgators an der

---

[1]) Kolloid-Zeitschr. Bd. 7, S. 301. 1910; Bd. 8, S. 34. 1911; Transact. of the farad. soc. Bd. 9, S. 80. 1913.

sehr vergrößerten Oberfläche die Viscosität des ganzen Systems merklich erhöht[1]).

Es wäre sehr interessant, die Viscosität von Emulsionen zu untersuchen, die gleichen Öl- und Wassergehalt haben, die aber durch verschiedene Emulgatoren, wie z. B. Gelatine oder einen feinverteilten festen Körper, beständig gemacht sind. Es käme auch noch der interessante Fall in Betracht, daß bei gleichem Öl- und Wassergehalt, die Emulsionen jedoch verschiedenen Typus haben. Sollte man einmal einen Emulgator finden, der in befriedigender Weise entweder eine Öl/Wasser- oder eine Wasser/Ölemulsion bilden kann, so würde die Frage des Verhältnisses zwischen Phasenart und Viscosität ein neues Arbeitsgebiet eröffnen. Eine auf der Hand liegende Erweiterung dieses Gebietes, die bisher nicht berührt worden ist, läge in der Untersuchung der Plastizität von festen Emulsionen, wie Margarine, wo die Ölphase die disperse oder die geschlossene Phase, je nach der Herstellungsart, sein kann.

Die Farbe von Emulsionen. Emulsionen vom Typus Öl/Wasser sind gewöhnlich weiß oder blaßgelb. Sehr verdünnte Emulsionen, wie Lewis sie hergestellt hat, sind im durchfallenden Lichte praktisch klar, sie haben aber im reflektierten Licht einen bläulichen Schimmer. Je konzentrierter die Ölphase, desto ausgesprochener sehen die Emulsionen weiß oder cremefarbig aus. Manche Emulsionen sind durch einen im Öl vorhandenen Farbstoff gefärbt, wie z. B. Butter, die Carotin und Xantophyll enthält. Margarine wird durch gewisse öllösliche Azofarbstoffe künstlich gefärbt.

Emulsionen mit Strukturfarben, sog. „chromatische Emulsionen", sind von Bodroux[2]) und von Holmes und Cameron[3]) hergestellt worden. Sie zeigten, daß bei Herstellung von Emulsionen aus zwei Flüssigkeiten mit gleichem Brechungsindex (sie sind daher durchsichtig), aber mit sehr verschiedenem optischen Brechungsvermögen ($n_F - n_c$), das System mit einer Reihe von Linsen oder Prismen verglichen werden kann; es kommen hierdurch prismatische Phaseneffekte zustande.

Die geschlossene Phase der Emulsion muß zwei völlig mischbare Flüssigkeiten enthalten, von denen die eine hohen Brechungsindex und starkes optisches Zertreuungsvermögen besitzt. Durch allmähliches Hinzufügen dieser Mischung zu einer vorher bereiteten milchigen Emulsion kann man allmählich den Brechungsindex und das optische Zerstreuungsvermögen der Emulsion ändern und so die chromatische Farbenskala erzeugen. Holmes und Cameron stellten

---
[1]) Siehe Wiegner: Kolloid-Zeitschr. Bd. 15, S. 105. 1914.
[2]) Cpt. rend. Bd. 156, S. 772. 1913.
[3]) Journ. of the Americ. chem. soc. Bd. 44, S. 71. 1922.

mehrere Emulsionen her, die diese Farbeneffekte zeigten. So hat z. B. wässeriges Kaliumjodid starkes optisches Brechungsvermögen und einen hohen Brechungsindex; fügt man eine Lösung von Kaliumjodid zu einer Emulsion von „Nujol"[1]) in Natriumoleatlösung, so erhält man prismatische Farben. Änderung der Temperatur führt zu Änderung der Farben infolge der ungleichmäßigen Wirkung der Temperatur auf das optische Brechungsvermögen der Phasen.

Durchsichtige Emulsionen können entstehen, wenn die beiden Flüssigkeiten dieselben Brechungsindices und das gleiche Brechungsvermögen besitzen. So gibt Glycerin durchsichtige Emulsionen in einer Lösung von Calciumoleat in Tetrachlorkohlenstoff. Durchsichtige Glycerinemulsionen können auch in flüssigem Paraffin, das als Emulgator 2% Crêpe-Gummi enthält, hergestellt werden. Die Herstellung durchsichtiger Emulsionen ist von Rector[2]) patentiert worden. Nach ihm können medizinische Emulsionen (z. B. von Lebertran) dadurch durchsichtig gemacht werden, daß die Brechungsindices der Phasen durch Zusatz von Salz oder Zucker einander genähert werden.

III. Die älteren Emulsionstheorien.

Die Phasen-Volumentheorie. Packt man in einen gegebenen Raum kleine Kugeln von gleichem Durchmesser so eng wie möglich zusammen, so wird das von ihnen eingenommene Volumen 74,048% des ganzen zur Verfügung stehenden Raumes einnehmen. Diese Zahl ist eine von der Größe der Kugeln unabhängige Konstante[3]). Wa. Ostwald legte diese Tatsache einer Emulsionstheorie zugrunde, die heute als „Phasen-Volumentheorie" bekannt ist. Nach ihm[4]) können zwei Arten von Emulsionen nur in einem bestimmten Konzentrationsbereich bestehen. Er glaubte nicht, daß man für irgendwelche gegebenen Volumina Öl und Wasser zwei Emulsionen herstellen könnte, je nachdem ob das Öl im Wasser oder das Wasser im Öl dispergiert wäre; ein System, das zum Beispiel 98% Wasser und 2% Öl enthält, kann nach ihm nur eine Öl/Wasseremulsion darstellen. Bestimmter ausgedrückt, stellte Ostwald den Satz auf, daß die Emulgierung einer Flüssigkeit in einer anderen nur möglich ist, wenn die Volumenkonzentration der dispergierten Flüssigkeit weniger als 74% beträgt. Die Doppelreihen können nur im Bereich von 25,96 Volumenprozent : 74,04 Volumenprozent zustande kommen.

---

[1]) „Nujol" (ein gereinigtes Mineralöl. D. Übers.).
[2]) U. S.-Pat. 1 389 161. 1921; siehe auch Chemical Age (N. Y.) Bd. 29, S. 408. 1921.
[3]) Siehe Bechhold, Dede u. Reiner: Kolloid-Zeitschr. Bd. 28, S. 18. 1921.
[4]) Kolloid-Zeitschr. Bd. 6, S. 103. 1910; Bd. 7, S. 64. 1910.

Nach dieser Theorie wird bei allmählichem Zusatz von Öl zu einer Öl/Wasseremulsion die Entfernung zwischen den Ölkügelchen kleiner und kleiner, bis die Kügelchen sich schließlich berühren und zusammenfließen, wobei sie zur geschlossenen Phase werden und Wasserkügelchen einschließen. Die Umkehrung zeigt einen „kritischen Punkt" an. Ebenso kann bei Zusatz von Wasser zu einer Wasser/Ölemulsion ein anderer kritischer Punkt erreicht werden. Theoretisch sollten die beiden kritischen Punkte bei 50% Volumenkonzentration zusammenfallen, vorausgesetzt, daß die beiden Flüssigkeiten sich gegenseitig nicht beeinflussen. Praktisch fand Ostwald kein solches Zusammenfallen, sondern eine Überlagerung bei etwa 48%.

Die Phasen-Volumentheorie ist aus verschiedenen Gründen nicht stichhaltig und hat die von Pickering[1]) früher hergestellten sehr konzentrierten Emulsionen, bei denen sogar 99 Volumenprozent Öl in verdünnter Seifenlösung emulgiert wurden, ganz außer acht gelassen. Pickering neigte jedoch, trotzdem er sehr konzentrierte Emulsionen hergestellt hatte, zu der Annahme einer Volumenbegrenzung in Emulsionen. Er machte für enggepackte, gleich große Kugeln, die sich in einem gegebenen Raum befinden, auf die mathematische Grenze von 74,048% aufmerksam, erkannte aber, daß die Kugeln in Emulsionen nicht gleich groß und außerdem durch eine Hülle von beachtenswerter Dicke getrennt sind. Er schloß daraus, daß „es scheinbar keinen Grund gibt, weshalb das Verhältnis des Ölvolumens zum Gesamtvolumen der Emulsion von irgendeiner bestimmten Größenordnung sein sollte". Er fügte jedoch hinzu, daß sich in der Mehrzahl seiner Emulsionen die tatsächlich gefundenen Mengenverhältnisse zwischen 65—82 pro 100 Teile Emulsion bewegten. Sie waren unabhängig von dem anfänglichen Verhältnis von Öl und wässerigem Medium, vorausgesetzt, daß ersteres 80% nicht überschritt.

Pickering stellte beständige Emulsionen aus einem Mineralöl in einer 1proz. Seifenlösung her, unter Anwendung von 67, 50 und 33 Volumenprozent Öl. Nach 12wöchigem Stehen wurde der obere Teil der Emulsionen („Rahm") schichtweise von oben nach unten durchanalysiert. Der durchschnittliche Ölgehalt des „Rahmes" betrug 81, 81,9 und 77,7%. Der Volumprozentgehalt des Öls nahm durchweg von oben nach unten in den Emulsionen ab, oben sehr langsam, nach unten hin schneller. Obwohl die Anfangskonzentrationen des Öls stark variierten, waren die endgültigen beständigen Emulsionen auffallend ähnlich in ihrer Zusammensetzung. Abb. 3 gibt die Verhältnisse graphisch wieder. Stellte man eine Emulsion von 50% Paraffinöl in einer 5proz. Seifenlösung her, so erhielt man eine

---

[1]) Journ. of the chem. soc. (London) Bd. 91, S. 2002. 1907.

Emulsion, die jener in 1proz. Seifenlösung sehr ähnlich war. Bei Emulgierung von 50% Paraffin in einer 0,2proz. Seifenlösung wurden viel niedrigere Werte erhalten, wie aus der untersten Kurve hervorgeht.

Bancroft[1]) hat die Ergebnisse von Ostwald und Pickering diskutiert und darauf hingewiesen, daß die beiden Hauptannahmen der Phasen-Volumentheorie unhaltbar sind. Erstens sind die Tröpfchen in einer Emulsion nicht alle sphärisch und von gleicher Größe. Die Kügelchen in einer Emulsion können deformiert werden[2]) infolge der Eigenschaften ihrer aus dem Emulgator bestehenden Schutzhülle[3]). Da die Kügelchen nicht gleich groß sind, so ergibt sich ohne weiteres, daß die 74,048%-Grenze überschritten werden kann. Man vergegenwärtige sich ein System, in dem Kugeln von gleicher Größe so eng wie

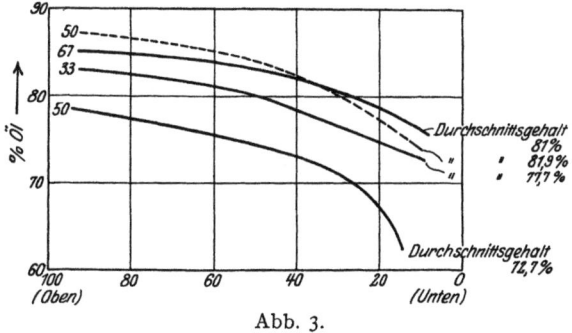

Abb. 3.

möglich gepackt worden sind; sie nehmen hierbei 74,048% des zur Verfügung stehenden Raumes ein. Es liegt dann auf der Hand, daß kleinere Kugeln in die Zwischenräume eingefügt werden können, so daß dann ein prozentual größerer Raum eingenommen wird. Mathematisch ist ein solches Ausfüllen der Zwischenräume mit immer kleineren Kugeln eine variable Funktion, die sich der 100%-Grenze nähert, ohne sie zu erreichen.

Die zweite Annahme Ostwalds war, daß die Emulsionskügelchen zusammenfließen, wenn sie sich berühren, d. h. nachdem 74,048 Volumenprozent ausgefüllt worden sind. Die Phasen sollten sich jetzt umkehren und ein neues geschlossenes Medium (Öl) sollte entstehen. Infolge der Anwesenheit eines die Kügelchen umhüllenden Oberflächenhäutchens führt die Berührung nicht notwendigerweise zum Zusammenfließen. Die Kügelchen können sich zusammendrängen, bis ein verschwindend kleiner Raum sie voneinander trennt. Wir wissen jetzt, daß umkehrbare Emulsionen über jeden beliebigen Bereich von

---

[1]) Journ. phys. chem. Bd. 16, S. 179. 1912.
[2]) Siehe Hatschek: Kolloid-Zeitschr. Bd. 7, S. 71. 1910.
[3]) Siehe Briggs u. Schmidt: Journ. phys. chem. Bd. 19, S. 496. 1915.

Die älteren Emulsionstheorien.

Volumenverhältnissen hergestellt werden können. Man hat sehr konzentrierte Emulsionen, sowohl vom Typus Öl/Wasser wie Wasser/Öl, hergestellt; viele Beispiele hierfür werden noch angeführt werden.

Eine Untersuchung über Phasenumkehr durch Änderung der Volumenkonzentration ist von Robertson[1]) an Olivenölemulsionen ausgeführt worden. Er richtete seine Aufmerksamkeit besonders auf die Frage: „Welchen Einfluß hat das Verhältnis Alkali/Gesamtvolumen der Emulsion auf jenes kritische Verhältnis Wasser/Öl, bei dem die Emulsion ihren Charakter verändert und aufhört, eine Öl/Wasseremulsion zu sein?" Abgemessene Mengen eines sehr reinen Olivenöls,

Öl ccm	Wasser ccm	5n-NaOH ccm	Charakter der Emulsion
99	0	1	Wasser/Öl, flüssig, gelb
98	1	1	Wasser/Öl, flüssig, gelb
96	3	1	Wasser/Öl, flüssig, gelb
92	7	1	Wasser/Öl, flüssig, gelbe Creme
91	8	1	Wasser/Öl
90	9	1	Öl/Wasser, rahmartig, weiß, sehr viscös
89	10	1	Öl/Wasser rahmartig, weiß, sehr viscös

$$\text{Kritisches Mengenverhältnis} = \frac{9,5}{90,5} = 0,105$$

das nur Spuren freier Fettsäure enthielt, und abgemessene Mengen destillierten Wassers und NaOH wurden in besonderen Flaschen unter genau festgelegten Bedingungen geschüttelt. Die entstehenden Emulsionen wurden unter dem Mikroskop und auch mit Sudan III, einem fettlöslichen Farbstoff, untersucht (siehe S. 89).

Robertson hielt die NaOH-Konzentration in den Emulsionen konstant und erhöhte die Konzentration des Wassers in jedem Versuch um 1%. Er fand, daß bei Abnahme der Wassermenge solange Öl/Wasseremulsionen entstehen, bis das Verhältnis von Wasser zu Öl einen bestimmten kritischen Wert erreicht, bei welchem die Emulsion plötzlich in eine Wasser-Ölemulsion umschlägt. Das kritische Mengenverhältnis wird definiert als „der Mittelwert aus dem kleinsten Verhältnis, bei dem eine Öl/Wasseremulsion, und dem größten Verhältnis, bei dem eine Wasser/Ölemulsion erhalten werden kann". Gibt mithin ein Gemisch, das 8 ccm Wasser und NaOH enthält, eine Öl/Wasseremulsion, hingegen ein Gemisch, das dieselbe Menge NaOH, aber 7 ccm Wasser enthält, die umgekehrte Emulsionsart, so ist das kritische Mengenverhältnis 7,5/92,5, da das Gesamtvolumen konstant ist, d. h. 100 ccm beträgt. Die Fehlergrenze beträgt natürlich 0,5/92,5. Robertsons Ergebnisse sind in der obenstehenden Tabelle schematisiert wiedergegeben. In allen

---
[1]) Kolloid-Zeitschr. Bd. 7, S. 7. 1910.

Versuchen wurde 1 ccm Natronlauge gebraucht; es wurde nur die Normalität der Natronlauge in jeder Versuchsreihe variiert. In der folgenden Tabelle sind die Versuchsergebnisse summarisch wiedergegeben:

Normalität der Natronlauge	Kritisches Mengenverhältnis
5 n	0,105
1 n	0,081
$^1/_2$ n	0,081
$^1/_4$ n	0,156
$^1/_6$ n	0,156
$^1/_8$ n	—[1]

Robertson fand, daß das kritische Mengenverhältnis von Wasser zu Öl bei Alkalikonzentrationen oberhalb von n/2 konstant blieb (bei dem angewandten Olivenöl war das kritische Verhältnis 0,08). Ging die Alkalikonzentration unter diesen Wert herab, so nahm die Menge Öl, die in einer gegebenen Menge Wasser emulgiert werden kann, fortschreitend ab, bis bei Erreichung einer Alkalikonzentration von n/8 eine beständige Öl/Wasseremulsion nicht mehr hergestellt werden konnte. Nach Robertson kommt es hierbei auf die Seife an, die durch das Einwirken des Alkali auf die freie Fettsäure des Öls gebildet wird. Er war der Ansicht, daß bei einem Überschuß von Alkali die im System anwesende Seifenmenge konstant ist. Unterhalb einer Grenzkonzentration des Alkali, die von der anwesenden Menge freier Fettsäure abhängt, würde die gebildete Seife nicht ausreichen, um eine Emulsion von Öl in Wasser aufrechtzuerhalten, da ein großes, als Kügelchen verteiltes Ölvolumen mehr als die zur Verfügung stehende Seifenmenge zur Bildung der Schutzhülle braucht. Eine solche Seifenmenge könnte jedoch in einer Ölphase Wasser einschließen, da weniger Kügelchen zu bedecken wären, und folglich schlägt das System in die andere Emulsionsart um. Bei dieser Überlegung ist offenbar die Annahme ausschlaggebend, daß ein und derselbe Emulgator zwei Emulsionen entgegengesetzter Art beständig machen kann. In diesen Versuchen war die Menge der im Öl enthaltenen freien Fettsäuren unbekannt; folglich ist die Menge der gebildeten Seife und auch ihre Beschaffenheit nicht näher bestimmt. Warum erhielt Robertson, falls Natriumoleat gebildet wurde, zwei Arten von Emulsionen mit Olivenöl und dieser Seife, wenn Natriumoleat bei Benzol- und Kerosinemulsionen nur Öl/Wasseremulsionen bildet? Eine vielleicht richtige Erklärung hierfür ist von Bancroft[2]) gegeben worden, der annimmt, daß Natriumoleat in Benzol oder Kerosin[3]) unlöslich ist, während seine

---

[1]) Hier konnte man keine beständige Öl/Wasseremulsion erhalten.
[2]) Journ. phys. chem. Bd. 16, S. 746. 1912.
[3]) Die Unlöslichkeit von Na-Oleat in Benzol ist von Briggs nachgewiesen worden.

Löslichkeit in hohen Olivenölkonzentrationen ein wichtigerer Faktor als seine Wasserlöslichkeit sein könnte.

Die erhaltenen Resultate wären vielleicht andere gewesen, wenn Robertson eine andere Emulgierungsmethode angewandt hätte. Anstatt alle Bestandteile gleichzeitig zusammen zu schütteln, hätte man die große Ölmenge allmählich zur Natronlauge zusetzen und nach jeder Zugabe tüchtig emulgieren können. Zweifellos hätte man so mehr Öl in der wässerigen Phase verteilen können, und das kritische Mengenverhältnis wäre bedeutend verkleinert worden. Wird ein großes Volumen der einen Phase (z. B. Öl) und ein kleines Volumen der anderen (z. B. Wasser) zusammen geschüttelt, so wird das Volumen der reichlicher vorhandenen Phase zu einem wichtigen Faktor[1]). Von dem rein mechanischen Standpunkt der Teilchenaufteilung aus betrachtet, wird eine Emulsionen vom Typus Wasser/Öl gebildet. Die Herstellung der Margarine bietet ein ausgezeichnetes Beispiel hierfür. Etwa 80 Volumenprozent Öl werden mit 20 Volumenprozent Wasser und Milch emulgiert, wodurch eine Emulsion vom Typus Wasser/Öl entstehen sollte. Werden die Öle bei etwa 30° C langsam unter dauernder Bewegung zur Milch zugefügt, so entsteht eine dichte, eierrahmähnliche Emulsion von Öl in Milch, die sich durch große Beständigkeit auszeichnet. Bringt man jedoch beide Phasen zusammen in das Butterfaß und versetzt sie dann in Bewegung, so entsteht eine Milch/Ölemulsion von nur geringer Beständigkeit. Das gleiche Ergebnis erhält man, wenn man die Milch unter dauernder Bewegung langsam zu der im Butterfaß befindlichen Gesamtmenge der Öle zufließen läßt[2]).

Robertsons Befunde sind insofern von großem Interesse, als er zwei Emulsionsreihen erhielt. Ihre Bedeutung wird aber dadurch beeinträchtigt, daß die Seifenkonzentrationen nicht bekannt sind, und daß das überschüssige freie Alkali vielleicht einen besonderen Einfluß auf das System ausübt.

Bhatnagar[3]) hat ebenfalls die Volumenverhältnisse an Emulsionen von Olivenöl in Alkali (KOH) untersucht. Er fand dabei, daß das Verhältnis von 74,04 Volumenprozent vorhanden ist bei sehr schwach alkalischer wässeriger Phase (n/1000 bis n/500). Mit höher konzentrierten Alkalien konnten, wie auch Robertson fand, größere Mengen emulgiert werden[4]). Die Emulsionen entmischten sich aber und gaben einen beständigen Rahm, der das Volumenverhältnis von 74 : 26 zeigte.

---

[1]) Siehe Sanyal u. Joshi: Journ. phys. chem. Bd. 26, S. 481. 1922.
[2]) Siehe Clayton: Transact. of the farad. soc. Bd. 16, Appendix, S. 23. 1921.
[3]) Journ. of the chem. soc. (London) Bd. 117, S. 547. 1920.
[4]) Siehe Fischer u. Hooker: Fats and fatty Degeneration S. 41. 1917, Diese Untersucher erhielten beständige Emulsionen, wenn sie bis zu 95% Baumwollsamenöl in konzentrierten Lösungen weicher Seifen emulgierten.

Das Verhältnis der Phasen im kritischen (Umkehrungs-) Punkt unter Anwendung verschieden starker Alkalien beträgt nach Bhatnagar:

KOH ccm	Olivenöl[1]) ccm	Stärke des Alkali	Volumenverhältnis im Umkehrungspunkt
25	73,5	0,933 n/1000	74 : 26
20	58,4	0,933 n/700	75,5 : 25,5
25	72,7	0,933 n/500	74,4 : 25,6
20	75,2	0,933 n/100	79 : 21
10	88,9	0,933 n/50	89 : 11

Bhatnagar glaubt, daß die Veränderung im Volumenverhältnis bei Anwendung konzentrierteren Alkalis zurückzuführen ist auf „die feste oder gelatinöse Hülle", die die Ölkügelchen umgibt. Dadurch können die Kügelchen bei Berührung gequetscht werden, ohne zusammenzufließen.

Er stellte dann Emulsionen her, in denen die Mehrzahl der Teilchen gleich große Kugeln waren. Diese erhielt er durch Benutzung des Rahms frisch hergestellter Öl/Wasseremulsionen, der ungefähr 74 Volumenprozent Öl enthielt. Kleine Mengen wurden mehrere Stunden lang sehr kräftig geschüttelt, bis die mikroskopische Untersuchung ergab, daß die Teilchen klein und beinahe gleich groß waren. Drei solcher homogener Emulsionen wurden mit verschieden starken Kalilaugen hergestellt, und bekannte Mengen wurden durch Zusatz eines Tropfens starker Salzsäure entmischt („broken"). Die Volumina der beiden Phasen wurden dann gemessen und verglichen mit den auf Grund der Annahme berechneten Werten, daß die Kügelchen in den Emulsionen möglichst eng zusammengepackt sind. In diesem Falle ist das Verhältnis:

$$\frac{\text{Gesamtvolumen der Emulsion}}{\text{Volumen der Ölphase}} = 1{,}35.$$

Die Werte stimmten gut überein. Die Ergebnisse sind in der folgenden Tabelle wiedergegeben:

Emulsion	Gesamt- volumen ccm	Stärke der Kalilauge	Radien gleichförmiger Teilchen mm	Volumen der Ölphase	
				beobachtet ccm	berechnet ccm
1	7	0,933 n/500	0,0075	5,09	5,1
2	5	0,933 n/700	0,0070	3,7	3,69
3	5	0,933 n/1000	0,0055	3,6	3,69

Hatschek[2]) hat darauf hingewiesen, daß die Beständigkeit von Emulsionen, die ein großes Volumenprozent disperser Phase enthalten, von dem Phasenverhältnis abhängt und im allgemeinen nur vollkommen ist,

---

[1]) Es enthält 0,5% freie Ölsäure.
[2]) Brit. assoc. colloid reports Bd. 2, S. 17. 1918.

wenn man sich dem Verhältnis, bei dem engste Zusammenpackung besteht, nähert. Er erörtert auch den interessanten theoretischen Fall einer Emulsion, die aus zwei gleich dichten Flüssigkeiten besteht; eine solche Emulsion müßte vollkommen beständig sein, unabhängig von dem Werte des Phasenverhältnisses.

Die Viscositätstheorie der Emulsionen. Bei der Besprechung der Viscositätsverhältnisse in Emulsionen kommen zwei Hauptpunkte in Betracht: der Einfluß der Viscosität auf die Beständigkeit oder Haltbarkeit und die Abhängigkeit der Viscosität des Systems als Ganzes von dem Dispersitätsgrad der emulgierten Flüssigkeit. (Siehe S. 102.)

Hillyer[1]) hat dargelegt, inwieweit die Viscosität als Stabilitätsfaktor für Emulsionen in Betracht kommt. Er geht hierbei auf ältere Untersuchungen von Plateau[2]) über Schäume zurück. Plateau hatte erkannt, daß die beiden notwendigen Faktoren bei Blasen- und Schaumbildung ein gewisser Grad von Viscosität der angewandten Flüssigkeit und niedrige Oberflächenspannung an der Grenzfläche Luft/Flüssigkeit sind. Der erste Faktor ist bestrebt, die Flüssigkeitshäutchen nicht so dünn werden zu lassen, daß der Zerreißungspunkt erreicht wird. Niedrige Oberflächenspannung ist erforderlich, da die Oberflächenspannung die wesentliche Kraft ist, die zur Ausdünnung führt. Seifenlösungen geben leicht beständige Schäume infolge ihrer niedrigen Oberflächenspannung und ihrer hohen Viscosität. Plateau nimmt zwei Arten von Viscosität für schäumende Flüssigkeiten an; die innere Viscosität, die auf molekularer Reibung beruht und die „oberflächliche Viscosität", die der Bewegung eines Körpers an der Grenzfläche gasförmig/flüssig einen Widerstand entgegensetzt. Stables und Wilson[3]) bestätigten das Vorhandensein dieser oberflächlichen Viscosität bei einer Saponinlösung, die leicht schäumte, trotzdem ihre Oberflächenspannung verhältnismäßig hoch war. Ramsden[4]) und andere Forscher haben diese Untersuchungen fortgesetzt; sie führten die erhaltenen Befunde auf Adsorptionsvorgänge zurück. (Siehe S. 44.)

Hillyer[5]) bestimmte annäherungsweise an einer Reihe von Lösungen die Oberflächenspannung und die Fähigkeit, Schäume zu bilden, und setzte die Befunde mit der Viscosität der Lösungen in Beziehung. Er fand, daß die hohe Viscosität allein zur Erklärung beständiger Schäume nicht ausreicht. Es muß auch die Oberflächenspannung niedrig sein. So geben eine 50proz. wässerige Glycerinlösung und eine 6proz. wässerige Gummi-arabicum-Lösung, die beide sehr viscös sind, deren

---

[1]) Journ. of the Americ. chem. soc. Bd. 25, S. 513. 1903.
[2]) Poggend. Ann. Bd. 141, S. 44. 1870.
[3]) Philosoph. mag. (5) Bd. 15, S. 406. 1883.
[4]) Zeitschr. f. physikal. Chem. Bd. 47, S. 336. 1904.
[5]) l. c.

Oberflächenspannung aber verhältnismäßig hoch ist, keine beständigen Schäume, während Bier und Milch leicht schäumen, obwohl sie nicht so viscös sind, aber niedrigere Oberflächenspannung haben. Hillyer stellte nun die Frage: Kann die Emulgierung durch die Viscosität des Emulgators erklärt werden? In manchen Fällen zweifellos ja. So trägt z. B. bei pharmazeutischen Emulsionen, die Gummiarten enthalten, die hohe Viscosität wesentlich dazu bei, eine Emulsion vom Typus Öl/Wasser beständig zu machen. Die Viscosität kann jedoch nicht der einzige dabei in Betracht kommende Faktor sein. Dies wurde durch die Tatsache bewiesen, daß so zähe Lösungen wie 50 proz. Glycerin und 6 proz. Gummi arabicum weder Kerosin noch ein so viscöses Öl wie Baumwollsamenöl emulgierten. Verdünnte Seifenlösungen (z. B. 1 proz. Na-Oleat), die nur geringe Viscosität haben, sind ausgezeichnete Emulgatoren für Kerosin und Baumwollsamenöl. Auf Grund von stalagmometrischen Messungen an verschiedenen Lösungen, u. a. Gummi arabicum, Saponin und Seifen, deren Ergebnisse mit der Fähigkeit dieser Lösungen, Kerosin und säurefreies Baumwollsamenöl zu emulgieren, in Beziehung gesetzt wurden, schließt Hillyer: „Die Emulgierung beruht hauptsächlich auf der niedrigen Grenzflächenspannung zwischen Öl und Emulgator, die es dem Emulgator ermöglicht, sich in Form von dünnen Häutchen auszubreiten, die die Öltröpfchen voneinander trennen. Die Oberflächenspannung kann das Häutchen nur langsam zwischen den Tröpfchen wegziehen. Besitzt der Emulgator eine große innere Zähigkeit, oder besteht zwischen den Flüssigkeiten große Oberflächenviscosität, so wird das Häutchen so langsam ausgedünnt, daß die Emulsion beständig bleibt."

Hillyer fand, daß Eiweiß- und Saponinlösungen (1 : 200) ausgezeichnete Emulgatoren sind, obwohl die Grenzflächenspannung zwischen den Lösungen und dem Öl nicht viel niedriger war als zwischen Wasser und Öl. Er war der Ansicht, daß die Beständigkeit der Emulsionen, die bei Anwendung von Saponinlösung und Öl erhalten wurden, in der Hauptsache auf der „oberflächlichen Viscosität" beruhe, die der Entfernung der Saponinhäutchen von den Ölkügelchen Widerstand leistet. Heute führt man diese Erscheinung auf Adsorptionsvorgänge, wie Höber[1] vorausgesagt hat, zurück. (Siehe S. 46.)

Marshall[2] kam auf Grund seiner Erfahrungen mit pharmazeutischen Emulsionen zu der Annahme, daß die Zähigkeit die Größe der Emulsionskügelchen und ihre Beständigkeit beeinflusse, sonst aber ohne theoretische Bedeutung sei. Gestützt auf seine erfolgreichen Versuche mit gewissen unlöslichen Pulvern als Emulgatoren, wies Pickering[3] dar-

---
[1]) Physik. Chemie der Zelle und Gewebe 3. Aufl., S. 293. 1911.
[2]) Pharmaceut. Journ. Bd. 28, S. 264. 1909.
[3]) Journ. of the chem. soc. (London) Bd. 91, S. 2001. 1907.

auf hin, daß der Viscositätsfaktor überschätzt worden sei. Er führte aus, daß „verdünnte Seifenlösungen nicht sehr zähe sind, ja man kann ihre Fähigkeit, eine Emulsion zu bilden, sogar vernichten durch Erhöhung der Konzentration und dadurch auch der Viscosität über einen gewissen Punkt hinaus". Auch White und Marden[1]) zeigten, daß die Viscosität einer Emulsion ihre Beständigkeit beeinflußt. So waren konzentrierte Emulsionen eines zähen Öles, wie Leinöl in Seifenlösungen, zäher als ähnliche Emulsionen von Kerosin, das an und für sich nicht so zähe ist.

Die Auffassung, daß die Viscosität die Emulgierung nur dadurch unterstützt, daß sie ein Zusammenfließen der Kügelchen erschwert, und daß sie nicht die Ursache der Emulgierung ist, ist von den meisten der auf diesem Gebiet arbeitenden Forschern angenommen worden. In neueren Untersuchungen über Gelatine als Emulgator kommen Holmes und Child[2]) jedoch zu der Anschauung, daß „der Hauptfaktor bei der Öl-Wasseremulgierung mit Gelatine die Viscosität ist, zwar nicht die maximale, aber die günstigste Viscosität." Die Viscosität der Gelatinelösungen wurde variiert durch Zusatz von Elektrolyten, wie Natriumjodid, -chlorid, -nitrat und -rhodanid, die Gelatine verflüssigen; oder von Natriumtartarat, -citrat und -sulfat, die Gelatine verfestigen. In allen Versuchen wurde Kerosin in Wasser bis zu einer Konzentration von 75 Volumenprozent emulgiert. Es wurden acht verschiedene Konzentrationen angewandt von 0,3—1%, und diese Lösungen enthielten die verschiedenen Elektrolyte bis zu einer Konzentration von 0,5 Mol. Die Beständigkeit (das Aussehen) der Emulsionen wurde nach 3—4 monatigem Stehen festgestellt.

Die Viscositäten der elektrolythaltigen Gelatinelösungen wurden mit Hilfe einer Methode bestimmt, die, wie zugegeben wird, ziemlich rohe Werte gibt. Die Grenzflächenspannungen wurden mit der Tropfpipette bestimmt. Auf Grund ihrer Befunde schlossen Holmes und Child, daß „die Viscosität die Hauptrolle bei der Beständigkeit von Gelatineemulsionen spielt", nicht die Grenzflächenspannung. Sie konnten das Vorhandensein eines an der Oberfläche der Kerosinkügelchen adsorbierten Gelatinehäutchens nicht nachweisen, obwohl Winkelblech[3]) gezeigt hatte, daß beim Schütteln verdünnter Gelatinelösungen mit Benzol ein Gelatinehäutchen an der Grenzfläche flüssig-flüssig („dineric interface") auftrat.

Die Methodik der Untersuchung erscheint ziemlich unbefriedigend[4]). Erstens sind die Viscositätsmessungen zu grob und zweitens führt die

---

[1]) Journ. phys. chem. Bd. 24, S. 629. 1920.
[2]) Journ. of the Americ. chem. soc. Bd. 42, S. 2049. 1920.
[3]) Zeitschr. f. angew. Chem. Bd. 19, S. 1953. 1906.
[4]) Siehe Bancroft: Journ. of industr. a. engineer. chem. Bd. 13, S. 348. 1921.

Tropfpipettenmethode bei Messung von Änderungen der Grenzflächenspannung an Gelatinelösungen leicht zu Fehlern, da die Tropfen deformiert werden infolge der adsorbierten Häutchen, die, wie andere Untersucher zeigten, an der Grenzfläche Gelatinelösung/Kerosin vorhanden sind. Besonders Briggs und Schmidt[1]) haben auf die Elastizität und Festigkeit der adsorbierten Häutchen bei der Bestimmung der Tropfenzahl von Benzol in wässerigen Gelatinelösungen aufmerksam gemacht.

Die Ergebnisse dieser Untersuchung scheinen die Theorie, daß der Einfluß der Viscosität auf Emulsionen von Kerosin in Gelatine günstig sei, nicht zu stützen. Es läßt sich auch nicht die Behauptung aufrecht erhalten, daß die Zähigkeit der wichtigste Faktor für die Herstellung und Beständigkeit von Emulsionen ist.

Clark und Mann[2]) haben in einer eingehenden Untersuchung über die emulgierenden Fähigkeiten von Rohrzucker und gewissen Kolloiden bei Benzol- und Kerosinemulsionen die Rolle der Zähigkeit und der Grenzflächenspannung verglichen.

Bei Rohrzucker kommen sie zu dem Ergebnis, daß „in erster Linie die Viscosität in Frage kommt (gewöhnlich die maximale), obwohl feststeht, daß bei höheren Konzentrationen auch eine Adsorption an die Emulsionsteilchen stattfindet. Andererseits kann die Zähigkeit nicht als die einzige notwendige Bedingung für einen Emulgator betrachtet werden, denn obwohl Zucker sehr zähe ist, kann er sich als Emulgator nicht mit auch nur sehr geringen Konzentrationen anderer Substanzen messen, deren Viscosität weitgehend vernachlässigt werden kann." Obwohl Clark und Mann bei Verwendung einer 10 proz., sehr viscösen Dextrinlösung stets die stärkste Rahmbildung erhielten, bekamen sie anderseits die beständigsten Emulsionen (beurteilt nach der Zeit ihres Bestehens) bei Anwendung von Lösungen von 5% Dextrin in 0,5 mol. NaOH. Bei letzteren tritt maximale Erniedrigung der Grenzflächenspannung auf. Da sie die besten Ergebnisse mit Eiereiweißlösungen erhielten, bei denen Änderungen der Viscosität keine Rolle spielen, kamen Clark und Mann zu dem Schluß, daß der wichtigste Faktor für die Beständigkeit einer Emulsion die Häutchenbildung und nicht die Viscosität sei. (Siehe S. 48.)

Die Hydratationstheorie der Emulsionen. Eine Theorie der Emulgierung und der Emulsionen, die als Hydratationstheorie bekannt ist, ist von Fischer vorgeschlagen worden. Nach ihr können Emulsionen nur dann hergestellt werden, wenn die Flüssigkeit, die zur geschlossenen Phase werden soll, ganz zur Bildung einer Hydratverbindung des Emulgators verbraucht wird. „Wenn man sagt, daß die Zugabe von

---

[1]) Journ. phys. chem. Bd. 19, S. 496. 1915.
[2]) Journ. of biol. chem. Bd. 52, S. 157. 1922.

Seife die Bildung und Stabilisierung einer Verteilung von Öl in Wasser begünstigt, so bedeutet dies in Wirklichkeit, daß Seife ein hydrophiles Kolloid ist, das mit Wasser ein Kolloidhydrat mit bestimmten physikalischen Eigenschaften bildet, und daß das Öl hierin verteilt ist. Die entstehende Mischung kann mithin nicht als eine Verteilung von Öl in Wasser betrachtet werden, sondern eher als eine solche von Öl in einem hydratisierten Kolloid[1]."

Substanzen wie Gummi arabicum, Seife, Gelatine, Casein, Dextrin, Agar-Agar und Eiweißstoffe sollen deshalb als Emulgatoren wirken, weil sie kolloide, hydratisierte Verbindungen bilden. Die emulgierende Wirksamkeit dieser Substanzen ist verschieden, da ihre „Hydratisierbarkeit" qualitativ und quantitativ verschieden ist. Der hydratisierte Emulgator soll vorzugsweise ziemlich viscöse Lösungen bilden, „die gutes Deckvermögen und starkes Kohäsionsvermögen besitzen"[2].

Die Theorie fordert, daß ein Öl in einem hydratisierten Kolloid nur emulgiert werden kann, wenn eine bestimmte minimale Wassermenge vorhanden ist; ebenso kann, wenn zuviel Wasser vorhanden ist (mehr als notwendig, um das Kolloid zu hydratisieren), keine beständige Emulsion hergestellt werden.

Es gibt verschiedene Einwände gegen Fischers Theorie. Nach Ansicht des Verfassers ist sie nur teilweise richtig. Es ist vollkommen berechtigt, die Bedeutung der hydrophilen Kolloide für die Herstellung von Emulsionen vom Typus Öl/Wasser zu betonen, es ist jedoch nur logisch, diese Betrachtung dahin zu erweitern, daß öllösliche Kolloide (hydrophobe Kolloide) zur Bildung von Wasser/Ölemulsionen führen[3]. Was das tatsächliche Vorhandensein der geforderten hydratisierten kolloiden Verbindungen anbelangt, so sind keine physikalisch-chemischen Beweise hierfür geliefert worden.

Die Bedingungen für die Bildung von Wasser/Ölemulsionen sind von Fischer nur insofern diskutiert worden, als er einen kritischen Punkt annimmt, bei dem jeder Versuch, den Ölgehalt der Emulsionen zu vergrößern, dazu führt, sie in Emulsionen vom Typus Wasser/Öl zu verwandeln. Das Vorhandensein konzentrierter Emulsionen, wie sie Pickering herstellte, wird gänzlich außer acht gelassen.

Der wesentliche Unterschied zwischen Fischers Theorie und der zur Zeit geltenden, nach der ein Häutchen die Emulsionskügelchen umgibt, besteht darin, daß nach ersterer der Emulgator in Form irgendeiner chemischen Verbindung mit Wasser in der ganzen wässerigen Phase gleichmäßig verteilt sein soll. Die Ölkügelchen sind in dieser wässerigen Phase infolge ihrer Viscosität oder ihres „Deck-

---

[1] Fischer u. Hooker: Fats and Fatty Degeneration S. 5. (N. Y.) 1917.
[2] Fischer u. Hooker: Fats and Fatty Degeneration S. 6. (N. Y.) 1917.
[3] Siehe Bancroft: Applied Colloid Chemistry S. 262. (N. Y.) 1921.

vermögens" dispergiert. Nach der modernen Theorie findet eine Anreicherung des Emulgators an der Grenzfläche zwischen Ölkügelchen und wässeriger Phase statt. Eigentümlicherweise muß Fischer[1]) gerade auf diesen Gedanken des Schutzes der Emulsionsteilchen durch ein adsorbiertes Häutchen zurückgreifen, um die Bildung von Emulsionen mit feinverteilten festen Körpern als Emulgatoren, wie auch die Beständigkeit von Milch, die mit Wasser verdünnt ist, zu erklären. Bei kritischer Betrachtung von Fischers Arbeit wird man nicht sehr für seine Hydratationstheorie eingenommen, die in ihrer Behandlung der Emulsionen besonders einseitig erscheint.

In einer Arbeit über die Entstehung von pharmazeutischen Emulsionen behaupten Roon und Oesper[2]), eine experimentelle Bestätigung für Fischers Hydratationstheorie erhalten zu haben. Es wurde die sog. kontinentale Emulgierungsmethode untersucht, deren Grundlage darin besteht, daß „die gesamte Menge des Emulgators auf einmal und in Gegenwart der inneren Phase hydratisiert wird". Hierbei werden 4 Teile Öl und 2 Teile Gummi arabicum in einem Mörser zu einer Paste verrieben; 3 Teile Wasser werden darauf auf einmal hinzugegeben und durch weiteres Verreiben erhält man einen dicken, rahmartigen Kern. Dieser Standard-Emulsionskern kann dann beliebig mit Wasser verdünnt werden.

Roon und Oesper fanden, daß bei Abweichen von diesen besonderen Mengenverhältnissen weniger beständige, oder auch gar keine Emulsionen entstanden. Sie fanden ferner, daß vorherige Hydratation des Gummi arabicums die Bildung von Emulsionen verhinderte. Hieraus schlossen sie, daß der Mechanismus der kontinentalen Emulgierungsmethode darin bestehe, daß „das Reiben die innere Phase dispergiert und daß die entstehenden Tröpfchen sofort von dem im selben Augenblick gebildeten hydratisierten Kolloid umhüllt werden. Diese Umhüllung ist das sine qua non der Emulgierung". Es ist daher die Anwesenheit einer Hydratationsverbindung für die Emulgierung wesentlich, und ihre Wirksamkeit ist am größten, wenn sie gleichzeitig mit der Dispergierung der Ölphasen gebildet wird.

Briggs, Du Cassé und Clarke[3]) wiederholten die Versuche von Roon und Oesper und wiesen darauf hin, daß Schütteln der Phasen miteinander einen größeren Emulgierungsbereich ergab als Verreiben. Auf diese Weise wird Olivenöl in einer Gummi-arabicum Lösung, einer vorher hydratisierten Verbindung, leicht dispergiert. Sie zeigten dann, daß Olivenöl durch Verreiben in einem Mörser in Gummi-arabicum-Lösung leicht dispergiert werden kann, vorausgesetzt, daß ein fein

---

[1]) Fats and Fatty Degeneration S. 53.
[2]) Journ. of industr. a. engineer. chem. Bd. 9, S. 156. 1917.
[3]) Journ. phys. chem. Bd. 24, S. 147. 1920.

verteilter fester Körper, wie z. B. Sand, Quarz, Glas, Zucker, Salz, anwesend ist. Es ergab sich, daß diese festen Körper, die leicht von Wasser benetzt werden, die wirksamsten sind und daß sie am besten wirken, wenn sie in der Ölphase suspendiert sind, da die wässerige Phase dazu neigt, das Öl von der Oberfläche der festen Teilchen zu verdrängen und so zur Aufteilung des Öls beiträgt.

Dieselben Ergebnisse wurden erzielt bei Anwendung von Na-Oleat an Stelle von Gummi arabicum. Zähe Öle wie Olivenöl, Leinöl und Kienöl wurden leichter emulgiert als Benzol, Toluol, Anilin und Chloroform.

Briggs, Du Cassé und Clarke verwerfen die Hydratationstheorie, da sie der Meinung sind, daß der wesentliche Faktor der „kontinentalen Methode" die Anwesenheit feinverteilter fester Körper ist, die die Grenzfläche zwischen Öl und Wasser oder zwischen Öl und Lösung vergrößern. Das Gummi arabicum wirkt auf zweierlei Art: Als feinverteilter fester Körper und als Emulgator. Bei Anwesenheit anderer fester Körper braucht das Gummi nur auf Grund seiner zweiten Funktion zu wirken, so daß seine wässerige Lösung hier die richtige ist.

Die Oberflächenspannungstheorie der Emulsionen. Quincke[1]) zeigte an Emulsionen verschiedener Öle in Lösungen von NaOH oder Gummi arabicum, daß die Grenzflächenspannungen zwischen dem Öl und diesen Lösungen niedriger waren als jene zwischen den Ölen und reinem Wasser. Frühere Untersuchungen von Brücke[2]) und Gad[3]) hatten ergeben, daß ranzige Öle oder Öle, die freie Fettsäuren enthielten, in verdünnten Lösungen von Borax oder Natriumcarbonat bessere Emulsionen bildeten als reinere Öle. Gad behauptete sogar, daß Öltropfen, die freie Fettsäure enthielten, spontane Emulsionen in 0,25 proz. wässerigen Natriumcarbonat gaben. Spontane Emulsionen hat auch Bhatnagar[4]) erhalten. Quincke äußerte bei der Besprechung seiner Untersuchungen, wie bei denen von Gad und Brücke, die Ansicht, daß die Leichtigkeit der Emulgierung mit der Acidität und Viscosität des Öles, mit der Konzentration der alkalischen Lösung und mit der Wasserlöslichkeit der entstehenden Seife wechselte.

Später untersuchte Donnan[5]) die Grenzflächenspannung zwischen Ölen und alkalischen Lösungen unter Anwendung der Tropfpipette[6]), mit der er die Anzahl Tropfen bestimmte, die unter genau festgelegten Bedingungen in den alkalischen Lösungen aufstiegen. Die Zahl der

---

[1]) Wied. Ann. Bd. 35, S. 589. 1888.
[2]) Sitzungsber. d. Akad. d. Wiss. Wien, Bd. 61, II, S. 362. 1870.
[3]) E. du Bois Reymond: Virchows Arch. f. pathol. Anat. u. Physiol. 1878, S. 181.
[4]) Dem Verfasser persönlich mitgeteilt. Siehe auch Maday: Zentralbl. f. Physiol. Bd. 27, S. 381. 1914.
[5]) Zeitschr. f. physikal. Chem. Bd. 31, S. 42. 1899.
[6]) Siehe S. 87.

Tropfen ist angenähert umgekehrt proportional der Leichtigkeit, mit der das Öl in der alkalischen Lösung emulgiert wird. Die folgenden Zahlen beziehen sich auf Rüböl in Natronlauge.

Konzentration der NaOH (Mol pro Liter)	Tropfenzahl
0	88
0,0005	115
0,0008	213
0,001	306
0,0011	430
0,0013	Strömung

Augenscheinlich bedingt die Vermehrung des NaOH in der wässerigen Phase Erniedrigung der Grenzflächenspannung. Diese Erniedrigung wurde, wie Donnan zeigte, durch Seifenbildung bedingt, da ein vorsichtig gereinigtes neutrales Öl dieselbe Tropfenzahl in NaOH wie in Wasser gab[1]):

Öl	Reaktion	Tropfenzahl in Wasser	Tropfenzahl in n/1000 NaOH
Käufliches Olivenöl	sauer	58	331
Gereinigtes Olivenöl	neutral	58	58

Um zu beweisen, daß Seife nicht durch eine oberflächliche Verseifung von Glycerid gebildet wurde, wandte Donnan ein Kohlenwasserstoffparaffinöl an:

Öl	Acidität	Tropfenzahl	
		Wasser	n/100 NaOH
Kohlenwasserstoff	neutral	47	52,7
Kohlenwasserstoff	es wurde 0,6% käufliche Stearinsäure zugesetzt	48,5	320

Donnan untersuchte jetzt die Dispergierung von Kohlenwasserstoffölen, die verschiedene Säuren der Fettsäurereihe enthielten, in NaOH und fand, daß die Erniedrigung der Grenzflächenspannung eine Eigentümlichkeit der höheren Fettsäuren von der Laurinsäure an aufwärts ist. Die Tropfenzahlen von Kohlenwasserstoffölen, die 0,7% freie Fettsäure enthielten, zeigen die folgenden Werte:

Säure	Tropfenzahl gegen	
	Wasser	n/1000 NaOH
(C_1) Ameisensäure	34	37
(C_2) Essigsäure	38	38
(C_4) Buttersäure	38	35
(C_8) Kaprylsäure	44	47
(C_{12}) Laurinsäure	43	82

---

[1]) Siehe Rachford: Journ. of physiol. Bd. 12, S. 72. 1891, der fand, daß man ein reines Neutralöl in einer verdünnten Natriumcarbonatlösung nicht emulgieren konnte.

Die älteren Emulsionstheorien.

Donnan[1]) war der Ansicht, daß die Emulgierung eng mit der Bildung einer Seifenschicht an der Grenzfläche Öl/Wasser zusammenhängt. Er untersuchte die Beziehung zwischen den Konzentrationen der Lösungen der verschiedenen fettsauren Natriumsalze und der Grenzflächenspannung zwischen diesen Lösungen und einem reinen Kohlenwasserstofföl, das nur 0,1% freier Fettsäure enthielt. Die Grenzflächenspannungen wurden wiederum mit der Tropfpipette gemessen; bei ihrer Berechnung wurde die Grenzflächenspannung Öl/Wasser gleich eins gesetzt. Man erhielt folgende Befunde:

Natriumsalze der	Grenzflächenspannungen der Konzentrationen							
	0	n/400	n/200	n/100	n/80	n/40	n/25	n/20	n/10
Essigsäure	1	—	—	0,995	—	0,970	—	0,937	0,876
Propionsäure	1	—	—	—	—	0,946	—	0,901	0,827
Buttersäure	1	—	—	—	—	0,945	—	0,909	0,856
Valeriansäure	1	—	—	—	—	—	0,946	0,908	0,821 n(0,098)
Capronsäure	1	—	—	—	0,939	—	0,909?	0,754
Oenanthylsäure	1	—	—	—	0,947	0,921	—	0,869	0,780
Kaprylsäure	1	0,962	—	0,895	—	0,797	—	—	—
Pelargonsäure	1	—	—	—	0,835	0,730	0,630	—	Strömung
Caprinsäure	1	0,911	0,856	0,798	0,753	0,656	—	—	—

Die Ergebnisse für Na-Laureat und -Myristat sind die folgenden:

Na-Laureat:					
Konzentration ...	0	n/200	n/160	n/100	n/80
Grenzflächenspannung	1	0,698	0,646	0,532	0,474
Na-Myristat:					
Konzentration ...	0	n/1600	n/800	3n/1600	n/400
Grenzflächenspannung	1	0,872	0,753	0,675	0,585

Die obigen Ergebnisse sind in Abb. 4 und 5 graphisch dargestellt. Auf der Ordinate sind in Abb. 4 die relative Grenzflächenspannung, auf der Abszisse die Konzentrationen der Na-Salze eingetragen. In Abb. 5 ist das Verhältnis zwischen den relativen Grenzflächenspannungen und den Molekulargewichten der betreffenden Fettsäuren wiedergegeben. Kaprylsaures Natrium (C_8) zeigt als erstes Salz eine deutliche Erniedrigung der Grenzflächenspannung. Diese Wirkung nimmt dann mit dem Ansteigen des Molekulargewichts schnell zu.

Donnan und Potts schlossen, daß die Na-Salze der höheren Fettsäuren an der Trennungsfläche zwischen dem Öl und der Lösung (gemäß der Gibbsschen Regel) adsorbiert würden[2]). Diese Anschauung bildet die Grundlage der heutigen Theorie der Emulsionen, die in Kapitel VI behandelt wird. Es ist darauf hingewiesen worden, daß

---

[1]) Donnan u. Potts: Kolloid-Zeitschr. Bd. 7, S. 208. 1910.
[2]) Donnan u. Potts: Kolloid-Zeitschr. Bd. 7, S. 211, 214. 1910.

Mayer, Schaeffer und Terroine[1]) durch ultramikroskopische Untersuchung der Natriumsalze der Fettsäuren gefunden haben, daß

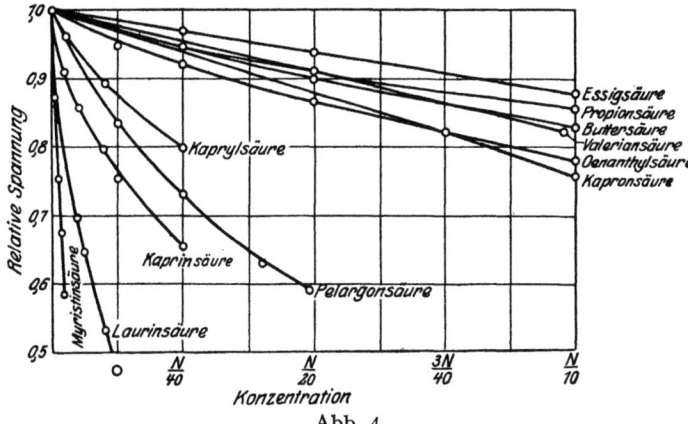

Abb. 4.

die niedrigen Glieder gewöhnliche wässerige Lösungen gaben, während capron-, capryl- und laurinsaures Natrium kolloid gelöst waren. Die charakteristischen Eigenschaften einer Seifenlösung traten erst bei dem caprylsauren Natrium auf, um beim laurinsaurem Natrium sehr ausgeprägt zu werden.

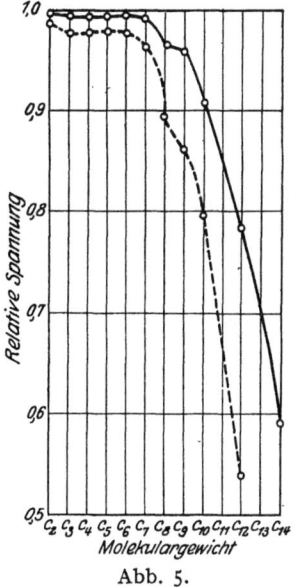

Abb. 5.

Donnan und Potts untersuchten jetzt die emulgierende Wirkung der verschiedenen Na-Salze auf ein reines Kohlenwasserstofföl. Die Na-Salze der niederen Fettsäuren gaben keine Emulsionen, pelargonsaures und caprinsaures Natrium bildeten verdünnte Emulsionen, während laurinsaures und myristinsaures Natrium verhältnismäßig gut emulgierten. Für jedes emulgierende Salz gab es eine optimale Konzentration, bei der die emulgierende Wirkung ein Maximum besaß. Es scheint eine aussalzende Wirkung zu geben, die möglicherweise darauf beruht, daß die positiven Natriumionen die negativ geladenen Öltröpfchen koagulieren. Bis zum laurinsauren Natrium kommen die emulgierenden Eigenschaften augenscheinlich nicht zur Geltung, da die koagulierende Wirkung der Natriumionen die emulgierende Wirkung, die auf der Erniedrigung der Grenzflächenspannung beruht, überwiegt.

---

[1]) Cpt. rend. Bd. 146, S. 484. 1908.

Auf Grund ihrer Untersuchungen kommen Donnan und Potts zu dem Schluß, daß „Änderungen der Grenzflächenspannung an der Grenzfläche Öl/Wasser einhergehen mit Änderungen des elektrischen Potentials; hierbei spielt die selektive Ionenadsorption vielleicht eine Rolle". Spätere Untersuchungen von Clowes und Bhatnagar haben diese Ansicht weitgehend bestätigt (siehe S. 82). Donnan und Potts waren der Meinung, daß emulgierte Ölkügelchen umgeben sind von einer „sehr zähen oder vielleicht sogar gelatinösen Hülle, die dem Zusammenfließen der Kügelchen Widerstand leistet". In Lewis[1] Untersuchungen zeigten sich Andeutungen einer solchen Häutchenbildung um Ölkügelchen, die in Lösungen gallensaurer Salze emulgiert waren. Dieses Häutchen entsteht durch Adsorption, die bei der Erniedrigung der Grenzflächenspannung an der Grenzfläche Öl/Wasser stattfindet. Auch Hillyer[2] gelangte zu einer ähnlichen Auffassung. Er erkannte, daß die Emulgierung eng verbunden ist mit „einer niedrigen Oberflächenspannung zwischen Öl und Emulgator". Er erkannte jedoch nicht die grundlegende Bedeutung der damit verbundenen Tatsachen und ihre Beziehung zur Gibbsschen Regel. Spätere Untersuchungen in Donnans Laboratorium von Lewis, Ellis, Powis und Barker erweiterten die Oberflächenspannungstheorie und brachten sie in Verbindung mit der Adsorption, der elektrischen Ladung und der Koagulation von Emulsionen.

Ramsden[3] gelangte auf ganz anderem Wege zu Anschauungen, die den Donnanschen sehr ähnlich sind. Er zeigte, daß viele kolloide Lösungen und Suspensionen durch bloße Bewegung koaguliert werden können, wobei sie irreversible fibröse oder gelatinö e Membranen bilden. Ramsden nahm an, daß die Anwesenheit eines hoch viscösen, gelatinösen Häutchens, das die Ölkügelchen umgibt, einer der wichtigsten Faktoren für Emulsionen sei. Dieses Häutchen soll durch die Adsorption, die mit einer Verminderung der Oberflächenenergie an der Grenzfläche Öl/Wasser einhergeht, bedingt sein.

Pickering[4] veröffentlichte im Jahre 1910 eine Arbeit, in der er behauptet, daß hohe Viscosität und niedrige Oberflächenspannung für die Emulgierung zweifellos günstig seien, der wichtigste Faktor jedoch die Anwesenheit feinverteilter, in der äußeren Phase unlöslicher Teilchen sei, die die Ölkügelchen umhüllen und so ihr Zusammenfließen verhindern[5]). In einer Kritik dieser „Theorie der festen Teilchen"

---

[1]) Philosoph. mag. April 1908, S. 499.
[2]) Journ. of the Americ. chem. soc. Bd. 25, S. 513. 1903.
[3]) Proc. of the roy. soc. of London (A) Bd. 72, S. 156. 1903; Zeitschr. f. physikal. Chem. Bd. 47, S. 336. 1904.
[4]) Kolloid-Zeitschr. Bd. 7, S. 11. 1910.
[5]) Ähnliche Ansichten zugunsten seiner „Teilchentheorie" der Emulsionen sind von Marshall geäußert worden (Pharmaceut. Journ. Bd. 28, S. 264. 1909). Er betonte jedoch, daß die Theorie nur in manchen Fällen Gültigkeit hat.

führte Donnan[1]) aus, daß Pickering augenscheinlich die Adsorption nicht mit der Erniedrigung der Oberflächenspannung in Beziehung gebracht und die elektrischen Wirkungen ganz außer acht gelassen hatte.

Obwohl Pickerings Emulsionen in vielen Fällen durch unlösliche Pulver beständig gemacht waren, bilden sie keine Ausnahme von Donnans Oberflächenspannungstheorie, da die festen Teilchen nur dann in die Grenzfläche Öl/Wasser gingen, wenn diese neue Anordnung von einer Erniedrigung der Grenzflächenspannung Öl/Wasser begleitet war.

Pickering hob hervor, daß die festen Emulgatoren von einer gewissen bestimmten Korngröße[2]), nicht krystallinisch und leichter von Wasser als von Öl benetzbar sein müssen.

IV. Die Adsorption an der Grenzfläche flüssig-flüssig.

Berühren sich zwei nichtmischbare Flüssigkeiten, so wird die zwischen ihnen befindliche Trennungsfläche als die Grenzfläche flüssig-flüssig („dineric interface") bezeichnet. Es handelt sich hier um keine ganz deutliche Demarkationslinie, sondern vielmehr um eine sehr dünne Schicht (einige millionstel Millimeter dick), die durch das Ineinanderdringen der beiden Phasen zustande kommt. In Emulsionen, sowohl vom Typus Öl/Wasser wie Wasser/Öl, gibt es eine verhältnismäßig große Grenzflächen-Trennungsschicht, deren Ausdehnung bei weiterer Aufteilung der dispersen Phase sehr schnell zunimmt.

Die Oberflächenspannung an der Grenze zwischen zwei nichtmischbaren Flüssigkeiten wird als Grenzflächenspannung bezeichnet. Wird jetzt eine dritte Substanz hinzugefügt, die den Wert der Grenzflächenspannung beeinflußt, so kann man auf Grund thermodynamischer Überlegungen zeigen, daß Konzentrationserscheinungen auftreten; es wird z. B. die Konzentration in der Hauptmasse der geschlossenen Phase eine andere sein als in der Grenzflächen-Trennungsschicht. Die günstigsten Verhältnisse für die Beständigkeit an Grenzflächen sind im allgemeinen dann vorhanden, wenn die Oberflächenenergie ein Minimum hat. Vermehrt eine gelöste Substanz die potentielle Energie an der Grenzfläche, so folgt, daß sie bestrebt sein wird, sich aus dieser Grenzfläche zu entfernen. Vermindert sie die potentielle Energie, so wird sie sich an der Grenzfläche anreichern. Dies steht im Einklang mit

---
[1]) Kolloid-Zeitschr. Bd. 7, S. 214. 1910.
[2]) Journal of the soc. chem. ind. Bd. 29, S. 129. 1910.

dem Le Chatelier-Braunschen Prinzip, des „beweglichen Gleichgewichts".

Eine Gleichung, die die Konzentration der gelösten Substanz in der Grenzfläche mit der Oberflächenenergie in Verbindung setzt, ist von Willard Gibbs[1]) in der folgenden Form gegeben worden:

$$U = -\frac{c}{RT} \cdot \frac{d\sigma}{dc}.$$

Hier ist U der Konzentrationsüberschuß an der Grenzfläche, ausgedrückt in g/ccm, c die Konzentration der gelösten Substanz in der Hauptmasse der Lösung und σ die Grenzflächenspannung in dyn/cm.

Verschiedene Ableitungen dieser berühmten Gleichung sind von Thomson[2]), Milner[3]), Freundlich[4]), Harlow und Willows[5]), Porter[6]), Michaelis[7]), Morton[8]) und Harkins[9]) gegeben worden. Folgende einfache Entwicklung stammt von W. Ostwald[10]).

Es soll eine Lösung, deren Oberfläche w ist, 1 Mol der gelösten Substanz im Überschuß an der Oberfläche enthalten; σ sei die Oberflächenspannung. Wenn eine sehr geringe Menge des Lösungsmittels aus der Lösung in die Oberfläche gelangt und eine Erniedrigung der Oberflächenspannung um $d\sigma$ verursacht, so wird die Änderung der Oberflächenenergie $w d\sigma$ betragen. Diese Änderung der Energie muß gleich sein der Änderung der Energie, die auftritt, wenn dieselbe Menge gelöster Substanz die Lösung entgegen dem osmotischen Druck, der durch das Gelöstsein dieser kleinen Menge Substanz verursacht wird, verläßt. Ist die Gewichtseinheit der gelösten Substanz in einem Volumen v der Lösung enthalten, und ist die Änderung des osmotischen Drucks nach Entfernung der kleinen Menge der gelösten Substanz gleich dp, so beträgt die Änderung der Energie $v dp$; dann ist:

$$w d\sigma + v dp = 0.$$

Unter der Annahme, daß die Gasgesetze bei dieser verdünnten Lösung Geltung haben, ist:

$$v = \frac{RT}{p},$$

---

[1]) Scientific Papers Bd. 1, S. 219 ff. 1906; siehe auch Thomson: Applications of dynamics to physics and chemistry, S. 190. 1888.
[2]) Applications of dynamics to physics and chemistry S. 190.
[3]) Philosoph. mag. Bd. 13, S. 96. 1907.
[4]) Kapillarchemie S. 50. 1909.
[5]) Transact. of the farad. soc. Bd. 11, S. 53. 1915.
[6]) Transact. of the farad. soc. Bd. 11, S. 51. 1915.
[7]) Dynamik der Oberflächen S. 20. 1909.
[8]) Philosoph. mag. April 1908, S. 504.
[9]) Journ. of the Americ. chem. soc. Bd. 39, S. 551. 1917.
[10]) Grundriß der allgemeinen Chemie 6. Aufl., S. 89. 1920.

so daß:
$$w\,d\sigma + \frac{RT}{p}\,dp = 0$$

oder:
$$\frac{d\sigma}{dp} = -\frac{RT}{pw}$$

ist. Nun ist p direkt proportional der Konzentration c. Mithin ist:
$$\frac{d\sigma}{dp} = -\frac{RT}{cw}.$$

Wenn U der Konzentrationsüberschuß der gelösten Substanz in der Oberflächeneinheit ist, dann ist, da w die Oberfläche ist, die 1 Mol der gelösten Substanz im Überschuß enthält, $U = \frac{1}{w}$; mithin ist:
$$U = -\frac{c}{RT} \cdot \frac{d\sigma}{dc}.$$

Da $\frac{d\sigma}{dc}$ der Differentialquotient der Funktion ist, die Grenzflächenspannung und Konzentration verbindet, so folgt, daß $\frac{d\sigma}{dc}$ positiv ist, wenn die gelöste Substanz die Grenzflächenspannung erhöht, negativ, wenn sie sie erniedrigt. Folglich ist U positiv, wenn die zugefügte Substanz die Grenzflächenspannung erniedrigt, d. h. die zugefügte Substanz wird an der Grenzfläche adsorbiert, wenn die Grenzflächenspannung durch ihre Adsorption erniedrigt wird.

Die älteren Untersuchungen über die Konzentration von gelösten Substanzen in Grenzflächen wurden im Zusammenhang mit Schäumen ausgeführt, d. h. an der Grenzfläche flüssig-gasförmig[1]). Ramsden[2]) hatte im Jahre 1894 gezeigt, daß durch Schütteln verschiedener Eiweißlösungen ein Teil des gelösten Eiweißes in Form von fibrösen oder membrano-fibrösen festen Körpern abgeschieden wird. Eialbumin z. B. konnte durch ausreichendes Schütteln koaguliert und vollständig aus der Lösung entfernt werden. Zahlreiche Lösungen und Suspensionen wurden auf ähnliche Weise dazu gebracht, feste Oberflächenhäute zu bilden, die in manchen Fällen in der Stammlösung nicht wieder gelöst werden konnten. Ramsden zeigte, daß solche spontane Lösungs-

---

[1]) Hall: Proc. of the roy. soc. of London (Dub.) Bd. 9, S. 56. 1899; Benson: Journ. phys. chem. Bd. 7, S. 532. 1903; Zawidzki: Zeitschr. f. physikal. Chem. Bd. 35, S. 77. 1900; Bd. 42, S. 612. 1903; Metcalfe: Ibid. Bd. 52, S. 1. 1905; Rohde: Drudes Ann. Bd. 19, S. 935. 1906.

[2]) Virchows Arch. f. pathol. Anat. u. Physiol. S. 517. 1894; Zeitschr. f. physikal. Chem. Bd. 47, S. 336. 1904; Transact. of the Liv. biol. soc. Bd. 33, S. 3. 1919.

rückgänge einer vorher in der freien Oberfläche gelösten Substanz auf der Anreicherung der gelösten Substanz an der Oberfläche beruht, die dort infolge ihrer oberflächenspannungserniedrigenden Wirkung adsorbiert wird. Bewegung oder Schütteln dienen nur dazu, die freie Oberfläche zu vermehren und freizulegen.

Ramsden[1]) zeigte dann an mehreren beständigen Emulsionen, daß sich eine wirkliche feste Membran an der Grenzfläche flüssig-flüssig abscheidet, z. B. zwischen Olivenöl- und Saponinlösungen. Die Membran manifestierte sich in Erscheinungen, wie 1. die intensive Zähigkeit an der Grenzfläche, 2. das deformierte Aussehen der sonst sphärischen dispergierten Kügelchen, 3. das Aussehen von halb durchsichtigen Membranen, wenn die trennenden Oberflächen geeigneterweise deformiert wurden. Er war der Ansicht, daß ,,das Bestehenbleiben vieler Emulsionen zum großen Teil u. a. bedingt wird durch die Anwesenheit von festen oder stark viscösen Substanzen an der Trennungsfläche der beiden Flüssigkeiten" und daß ,,Anreicherung von festen Substanzen an den Trennungsflächen der obigen Emulsionspaare zustande kommt, da dadurch die Oberflächenenergie vermindert wird".

Ähnliche umhüllende Häutchen sind optisch sichtbar gemacht worden von Clowes[2]) bei Olivenölemulsionen, von Clark und Mann[3]) bei Emulsionen, die mit Eialbunim beständig gemacht waren, und von Holmes und Cameron[4]), die Wasser in einer Mischung von Amylacetat und Benzol unter Anwendung von Cellulosenitrat als Emulgator dispergierten. Derbe elastische Häutchen waren um die Wasserkügelchen herum deutlich sichtbar.

Konzentration des Na-Glykocholats %	Relative Spannung	Spannung (dyn/cm)
0	1,00	48,0
0,0312	0,633	30,38
0,0625	0,549	26,35
0,125	0,404	19,39
0,165	0,341	16,37
0,200	0,307	14,73
0,250	0,272	13,05
0,300	0,245	11,76
0,330	0,241	11,57
0,360	0,230	11,04
0,400	0,225	10,80
0,500	0,219	10,51

---

[1]) Proc. of the roy. soc. of London. (A) Bd. 72, S. 156. 1903.
[2]) Journ. phys. chem. Bd. 20, S. 407. 1916.
[3]) Journ. of biol. chem. Bd. 52, S. 182. 1922.
[4]) Journ. of the Americ. chem. soc. Bd. 44, S. 66. 1922.

Wiegner[1]) hat die Anwesenheit von adsorbierten Häutchen um die Fettkügelchen in homogenisierter Milch nachgewiesen, während Sheppard Mikrophotogramme von halbelastischen Membranen in gewissen „gealterten" Emulsionen erhielt.

Während die Frage qualitativ gut durchgearbeitet ist, sind die quantitativen Ergebnisse nicht so zufriedenstellend.

Lewis[2]) hat das System Kohlenwasserstofföl/wässerige Na-Glykocholatlösung untersucht. Er bestimmte die Menge der pro qcm Öloberfläche adsorbierten gelösten Substanz und die Grenzflächenspannung Öl/Lösung. Die Grenzflächenspannung wurde mit der Tropfpipettenmethode bei verschiedenen Konzentrationen der gelösten Substanz bestimmt, und die so beobachteten relativen Spannungen in dyn/cm umgerechnet.

Die in der Tabelle auf S. 48 wiedergegebenen Werte sind für ein reines Kohlenwasserstofföl und Na-Glykocholatlösungen gefunden worden. Die Ergebnisse sind in Abb. 6 eingetragen; auf der Ordinate die Spannungen in dyn/cm, auf der Abszisse die Konzentrationen des Na-Glykocholats in Prozent.

Man kann den Wert $\frac{d\sigma}{dc}$ für jede beliebige Konzentration erhalten durch Bestimmung des Wertes der trigonometrischen Tangente der Kurve in dem gewünschten Punkte.

Nachdem man den Wert von $\frac{d\sigma}{dc}$ bestimmt hatte, war der nächste Schritt die Bestimmung von U, des

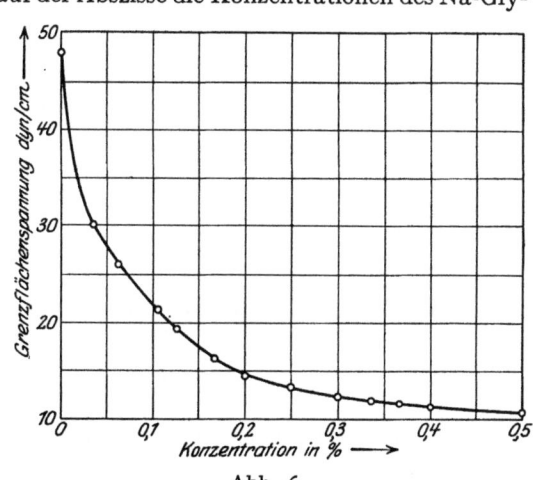

Abb. 6.

Konzentrationsüberschusses des Na-Glykocholats in der Grenzfläche Öl/Lösung. Ein typisches Beispiel aus der Arbeit von Lewis zeigt das dabei angewandte Verfahren.

250 ccm einer 0,317proz. Na-Glykocholatlösung wurden mit 0,16 ccm Öl 12 Stunden lang geschüttelt und dann 18 Stunden lang stehengelassen. Ein Tropfen der Emulsion wurde unter dem Mikroskop

---

[1]) Kolloid-Zeitschr. Bd. 15, S. 105. 1914; siehe auch Storch: Analyst Bd. 22, S. 197. 1897; Bechhold: Kolloide in der Biol. und Med. S. 376. 1919.
[2]) Philosoph. mag. April 1908, S. 499.

untersucht und der Durchschnittswert für den Radius der Kügelchen bestimmt. Es war:

Durchschnittswert des Radius = 0,0000425 cm,
Volumen eines Kügelchens = $^4/_3 \cdot 3{,}1416 \cdot (0{,}0000425)^3$ ccm,

da das Gesamtvolumen des emulgierten Öles 0,16 ccm betrug, ist die

Gesamtzahl der Kügelchen = $4{,}97 \cdot 10^{11}$.

Es ist nun die Oberfläche eines Kügelchens = $4 \cdot 3{,}1416 \cdot (0{,}0000425)^2$ qcm.
Die gesamte adsorbierende Oberfläche = 11058 qcm.

Zur Feststellung der adsorbierten Menge des Na-Glykocholats wurde die Tropfenzahl der Lösung vor und nach der Emulgierung mit dem Öl bestimmt (wobei angenommen wurde, daß die Ölkügelchen die Tropfenzahl nicht beeinflussen) und die Glykocholatkonzentrationen aus der Kurve abgelesen. Es war:

	vorher	nachher
Tropfenzahl	531	507
Grenzflächenspannung	11,57 dyn/cm	12,12 dyn/cm
Konzentration	0,317%	0,290%.

Die Konzentrationsabnahme betrug 0,027%, d. h. 0,067 g auf die angewandten 250 ccm Lösung. Mithin beträgt die pro qcm adsorbierte Menge, d. h. $U = 0{,}067 \cdot 11058 = 5{,}9 \cdot 10^{-6}$ g pro qcm.

Bei einem anderen Versuch mit einer 0,2proz. Na-Glykocholatlösung (Anfangskonzentration) fand man $U = 4{,}7 \cdot 10^{-6}$ g pro qcm. Der berechnete Wert für U ist $-\dfrac{c}{RT} \cdot \dfrac{d\sigma}{dc}$.

Im zweiten Versuch ist die Konzentration $c = 0{,}2$proz., d. h. 0,002 g/ccm. Die absolute Temperatur $T = 289°$ C. R ist die Gaskonstante. Für 1 g gelöste Substanz ist $R = \dfrac{2 \cdot 4{,}2 \cdot 10^7 \text{ Erg}}{\text{Molargewicht}}$. Man fand, daß das Molargewicht einer wässerigen Na-Glykocholatlösung 140 betrug. Der Quotient $\dfrac{d\sigma}{dc}$ betrug nach der Kurve abgelesen in dem Punkte für $c = 0{,}2\%$:

$$\frac{d\sigma}{dc} = \frac{9{,}5 \text{ dyn}}{0{,}002 \text{ g/qcm}} = 4750,$$

$$-\frac{c}{RT} \cdot \frac{d\sigma}{dc} = \frac{0{,}002 \cdot 4750 \cdot 140}{2 \cdot 4{,}2 \cdot 10^7 \cdot 289} = 5{,}5 \cdot 10^{-8} \text{ g pro qcm}.$$

Es besteht eine starke Diskrepanz zwischen den theoretischen und experimentellen Werten, da die gemessene Adsorption etwa 80mal größer als die theoretisch berechnete ist. Lewis beobachtete ähnliche Diskrepanzen bei der quantitativen Adsorption von Farbstoffen an der Grenzfläche Öl/Wasser. In einer späteren Arbeit stellte Lewis[1]) seine Befunde in der folgenden Tabelle zusammen:

Substanz	Adsorption der Substanz (pro qcm), die als undissoziiertes Salz oder in chemisch äquivalenten Ionenproportionen anwesend sein soll	
	Gefundener Wert g	Berechneter Wert g
Na-Glykocholat	$5 \cdot 10^{-6}$	$7 \cdot 10^{-8}$
Kongorot	$3{,}7 \cdot 10^{-6}$	$1{,}1 \cdot 10^{-7}$
Methylorange	$5{,}5 \cdot 10^{-6}$	$1{,}2 \cdot 10^{-7}$
Na-Oleat	10^{-6}	10^{-8}
Natronlauge	$1{,}5 \cdot 10^{-7}$	$7{,}5 \cdot 10^{-9}$

Die Substanzen, die weitgehende Abweichungen von den aus der Gibbsschen Gleichung berechneten Werten zeigen, sind in Wasser, besonders in höheren Konzentrationen, kolloid gelöst. Die Gibbssche Gleichung gilt nur für echte (molekulardisperse) Lösungen, da sie streng von der Annahme ausgeht, daß nur eine adsorbierbare Komponente vorhanden ist, die mit dem Lösungsmittel nur eine Phase bilden darf. Lewis[2]) äußerte die heute allgemein geteilte Ansicht, daß die Diskrepanzen darauf zurückzuführen sind, daß die kolloiden Substanzen eine gelatinöse oder halbfeste Hülle um die Ölkügelchen bilden. Bei der Ableitung seiner Gleichung nahm Gibbs nicht nur an, daß gelöste Substanz und Lösungsmittel eine Phase bilden müssen, sondern auch, daß eine Adsorption der gelösten Substanz keine Änderung der Energie der in der Oberflächenschicht befindlichen Moleküle des Lösungsmittels verursachen würde. Man weiß jedoch, daß solche Änderungen der Energie stattfinden. Eine andere Annahme war, daß die Flüssigkeit in der Oberflächenschicht dieselbe Dichte besitzt wie im Inneren der Lösung. Es ist jedoch sehr gut möglich, daß eine Änderung der Dichte stattfindet infolge der hohen Konzentration und Kompressibilität der Flüssigkeit in der Oberflächenschicht[3]).

Neben der Gibbsschen Gleichung muß noch die viel benutzte Adsorptionsisotherme genannt werden, die hauptsächlich an den Namen Freundlich[4]) geknüpft ist. Es handelt sich um eine rein empirische Beziehung, die häufig, jedoch fälschlich, als die Adsorptions-Exponentialgleichung bezeichnet wird. Wenn m die Menge des Adsorbens in Gramm, x die durch das Adsorbens adsorbierte Menge gelöster

---

[1]) Philosoph. mag. April 1909, S. 494.
[2]) Siehe die Kritik von Ferguson: Manchester Memoirs Bd. 65 (4), S. 13. 1921.
[3]) Lewis: Philosoph. mag. April 1909, S. 490; siehe auch Hatschek u. Willows: Surface tension and surface energy S. 48. 1915.
[4]) Kapillarchemie 3. Aufl., 1923, S. 151ff.

Substanz, C die End- oder Gleichgewichtskonzentration in der Lösung ist, dann ist:
$$\frac{x}{m} = a \cdot C^{\frac{1}{n}}.$$

Hier sind a und n Konstanten ($n > 1$) für eine gegebene gelöste Substanz (Adsorbendum) und ein Adsorbens. Da der Exponent $\frac{1}{n}$ eine Konstante ist, so ist die Gleichung eine allgemein parabolische. Um experimentelle Befunde über Adsorption wiederzugeben, wird die Gleichung gewöhnlich logarithmiert.

$$\text{Log } x - \log m = \frac{\log C}{n} + \log a.$$

Dies ist die Gleichung einer geraden Linie. Die Kurve, die man erhält, indem man die beiden Variablen, $\log x$ auf der einen Koordinate, $\log C$ auf der anderen, einträgt, ist eine gerade Linie.

Eine wichtige Tatsache ergibt sich aus der Betrachtung der Adsorptionsisotherme oder, wie sie jetzt häufig genannt wird, „Konzentrationsfunktion", nämlich, daß die Adsorption in verdünnter Lösung relativ stärker ist. Die adsorbierte Menge nimmt mit der Konzentration zu, aber langsamer als diese. Die Adsorption an Grenzflächen, sowohl gasförmig-flüssig wie flüssig-flüssig, geht sehr rasch vor sich, und in manchen Fällen wird das entstehende Adsorptionshäutchen bei erstaunlich niedrigen Konzentrationen der gelösten Substanz gesättigt.

Andere Formeln sind von verschiedenen Forschern gegeben worden, und man hat auf gewisse Eigentümlichkeiten und Anomalien bei der Adsorption aufmerksam gemacht[1]). Die Adsorptionsisotherme geht uns hier nur insoweit an, als sie bei Untersuchungen über Emulsionen angewandt worden ist.

Briggs[2]) untersuchte die Adsorption von Seife an der Grenzfläche zwischen Benzol und Wasser, in der Absicht, die Seifenmenge zu bestimmen, die notwendig ist, um Schutzhüllen in Emulsionen von Benzol in Seifenlösung zu bilden. Emulsionen von Benzol wurden in Na-Oleatlösungen hergestellt und dann homogenisiert. Der Na-Oleatgehalt der Lösung wurde vor und nach der Emulgierung bestimmt durch Titration mit 10 ccm n/20 HCl unter gleichen Bedingungen. (Als Indicator wurde Methylorange angewandt.) Briggs nahm an, daß die Abnahme des Alkaligehaltes nach der Emulgierung ein Maß sei für die durch die Benzolkügelchen adsorbierte Menge des Na-Oleats. Diese

---

[1]) Siehe Bancroft: Applied Colloid Chemistry 1921, S. 100.
[2]) Journ. phys. chem. Bd. 19, S. 210. 1915.

Annahme trifft vielleicht nicht ganz zu, da das durch Hydrolyse gebildete schwer lösliche saure Na-Oleat vielleicht eine Rolle bei der Emulgierung spielt[1]). Dies würde natürlich die allgemeine Frage der Adsorption nicht beeinträchtigen. Briggs' Werte sind jedoch wahrscheinlich zu niedrig, da er bei der Berechnung der Adsorption von wasserfreiem Na-Oleat ausgeht, wohingegen es sehr wahrscheinlich ist, daß das Na-Oleat in der Grenzfläche Benzol/Wasser hydratisiert ist.

Sieben Emulsionsreihen wurden homogenisiert und 22 Stunden lang stehen gelassen, worauf 10 ccm der wässerigen Schicht entfernt und mit n/20 HCl titriert wurden. Die Seifenlösungen wurden aus einer Stammlösung, die 10% Na-Oleat in Wasser enthielt, durch Verdünnen hergestellt. Es wurden immer 60 ccm Seifenlösung und 90 ccm Benzol angewandt. Man erhielt folgende Ergebnisse:

Emulsion	Seifenkonzentration Anzahl ccm der Stammlösung n/500	ccm n/20 HCl		Differenz
		vor der Emulgierung	nach der Emulgierung	
1	5	0,54	0,38	0,16
2	10	1,02	0,75	0,27
3a	25	2,40	1,98	0,42
3b	25	2,39	2,05	0,34
4a	50	4,47	4,10	0,37
4b	50	4,43	3,97	0,46
5	100	9,25	8,79	0,46
6	150	13,81	13,34	0,47
7	180	17,01	16,50	0,51

Die Kurve, die dadurch erhalten wurde, daß die „Differenz"-Werte als Ordinaten und die Anzahl Kubikzentimeter HCl, die vor der Emulgierung verbraucht wurden, als Abszissen eingetragen wurden, zeigte große Ähnlichkeit mit der Adsorptionsisotherme. Der quantitative Wert der Kurve ist unbefriedigend, da weitere Werte für verdünnte Seifenlösungen fehlen.

Briggs untersuchte nun die Kurve der logarithmierten Gleichung:

$$\log \frac{x}{m} = \log a + \frac{1}{n} \cdot \log C.$$

Hier ist C die Gleichgewichtskonzentration des Na-Oleats in Gramm/Liter, $\frac{x}{m}$ die absorbierte Anzahl Gramm Na-Oleat pro Liter Benzol.

Trägt man $\log \frac{x}{m}$ als Ordinate und $\log C$ als Abszisse ein, dann ist $\frac{1}{n}$ gleich dem Tangens des Neigungswinkels der Geraden, und der Ab-

---

[1]) Siehe Pickering: Journ. of the chem. soc. (London) Bd. 91, S. 2013. 1907.

schnitt auf der Ordinate gibt den Wert für log a, wodurch die Konstanten aus den experimentellen Daten leicht berechnet werden können:

C g	$\frac{x}{m}$ (beob.) g	log C	log $\frac{x}{m}$	$\frac{x}{m}$ (berechn.) g
0,60	0,17	− 1,778	− 1,226	0,29
1,18	0,28	0,072	− 1,453	0,32
3,18	0,40	0,502	− 1,601	0,38
6,36	0,44	0,804	− 1,645	0,42
13,85	0,48	1,142	− 1,684	0,48
21,03	0,49	1,323	− 1,694	0,51
26,01	0,54	1,415	− 1,729	0,53

Mit Ausnahme der beiden ersten Wertepaare von log C und log $\frac{x}{m}$ zeigt die logarithmische Kurve eine angenähert gerade Linie, woraus die Konstanten berechnet wurden: a zu 0,316 und $\frac{1}{n}$ zu 0,756. Briggs war der Ansicht, daß die tatsächlich adsorbierte Menge Seife ziemlich gut übereinstimmt mit der nach der Freundlichschen Formel geforderten. Eine Ausnahme hiervon bilden die verdünnten Seifenlösungen, bei denen die Adsorption geringer ist, als sie nach der Berechnung sein sollte. Obwohl eine solche Diskrepanz bei Berücksichtigung der hydrolytischen Spaltung des Na-Oleats in verdünnten Lösungen verständlich wäre[1]), so müssen dennoch weitere Untersuchungen hierüber angestellt werden.

Andere Untersucher haben sich ebenfalls der logarithmischen Kurve bedient, um Adsorptionsvorgänge in Emulsionen nachzuweisen. Besonders Clowes[2]) wandte sie bei seinen Untersuchungen über Olivenölemulsionen an. Er fand auf diese Weise, daß das Verhältnis zwischen der Tropfenzahl des Olivenöls und der Konzentration der Seife oder des NaOH, in dem das Öl emulgiert werden sollte, ausnahmslos logarithmisch war. Er fand ferner, daß Zusatz von NaCl in wechselnden Mengen zu einer Emulsion vom Typus Öl/Wasser die OH'-Ionenkonzentration in der wässerigen Phase in einem logarithmischen Verhältnis erniedrigte.

Nugent[3]) behauptet, die Geschwindigkeit gemessen zu haben, mit der ein Emulgator an einer Grenzfläche adsorbiert wird. Wurden Emulsionen von Benzol (in einer Konzentration von 50 Volumenprozent) in 0,4 proz. Gelatinelösungen mit NaOH behandelt, so fand er,

---

[1]) Siehe Kahlenberg u. Schreiner: Zeitschr. f. physikal. Chem. Bd. 27, S. 552. 1898.
[2]) Journ. phys. chem. Bd. 20, S. 407. 1916.
[3]) Transact of the farad. soc. Bd. 17, S. 703. 1922.

Die Adsorption an der Grenzfläche flüssig-flüssig.

daß Abscheidung des Benzols eintrat. Diese Abscheidung fand sofort statt, wenn das NaOH zur frisch hergestellten Emulsion zugefügt wurde; bei Emulsionen aber, die man einige Zeit hatte stehen lassen, wurde der Eintritt der Abscheidung verzögert. Fügte man zu einer Emulsion soviel NaOH hinzu, daß man in der Emulsion eine Konzentration von 0,5 n NaOH erhielt, so bekam man folgende Werte:

Alter der Emulsionen vor NaOH-Zusatz (Stunden)	Verzögerungszeit (Minuten)
0	0
2	35
6	45
12	55
24	60
48	70
72	75

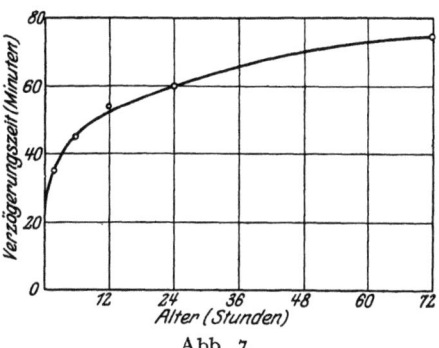

Abb. 7.

Diese Werte sind in Abb. 7 eingetragen; die glattverlaufende Kurve hat parabolische Gestalt. Man erhält eine grade Linie, wenn man die Logarithmen des „Alters" und der „Verzögerungszeit" in ein Koordinatensystem einträgt.

Nugent ist der Ansicht, daß nach Herstellung der Emulsion die Adsorption von Gelatine an der Grenzfläche Benzol/Wasser weiter stattfindet, so daß die Beständigkeit der Emulsion mit seiner Alterung zunimmt. Zugabe von NaOH entfernt auf irgendeine Art die Gelatine schichtweise. Die Verzögerungszeit kann als die Zeit betrachtet werden, die das NaOH braucht, um die adsorbierten Gelatineschichten zu entfernen. Auf Grund dieser Betrachtungsweise könnte man das Alter der Emulsion als die Zeit bezeichnen, die erforderlich ist, um einen gewissen Grad von Adsorption zu erreichen. Nach Nugent hängt die Adsorptionsgeschwindigkeit direkt ab von der schon adsorbierten Menge und indirekt vom Alter der Emulsion, d. h. von der Zeit.

Der „Grenzwert der Verzögerungszeit" wurde für Benzolemulsionen in verschieden konzentrierten Gelatinelösungen bestimmt. Dies ist jene Verzögerungszeit, die mit

Konzentration der Gelatinelösung (Prozent)	Grenzwert der Verzögerungszeit (Minuten)
0,1	0
0,12	5
0,15	15
0,2	25
0,4	75

zunehmendem Alter der Emulsion selbst nicht größer wird.

Es wurde etwa alle 5 Minuten eine Ablesung gemacht. Graphisch dargestellt ergaben die gefundenen Werte eine gerade Linie. „Die Bedeutung des Grenzwertes der Verzögerungszeit besteht, im Rahmen der hier entwickelten Anschauung, darin, daß wir es hier mit der endgültigen Gleichgewichtsmenge zu tun haben, die aus den entsprechenden Konzentrationen im Inneren der geschlossenen Phase adsorbiert wird."

Nugents interessante Versuche sollten weitergeführt werden. Das Wesen der Wirkung von verdünnter NaOH auf Gelatine unter diesen Bedingungen bedarf der Erklärung, ebenso die Frage, ob die Gelatine in den adsorbierten Häutchen irreversibel „gefällt" ist (siehe Ramdens Untersuchungen über Albumin und andere Eiweißstoffe, S. 44, 48). Die Tatsache, daß bei 1 proz. Gelatinelösungen keine Verzögerung unter diesen Versuchsbedingungen beachtet wurde, ist besonders wichtig, da sie auf einen Weg hinweist, um die Dimensionen solcher um die Benzolkügelchen adsorbierter Häutchen zu bestimmen.

Ein anderer wichtiger Punkt, der durch Nugents Untersuchungen berührt wird, ist die Wirkung des Alterns der Gelatine auf die Emulsionsbeständigkeit. Er findet, daß die Schutzwirkung der Gelatine mit dem Alter der Emulsion zunimmt. Elliott und Sheppard[1]) fanden, daß die Goldzahl der Gelatinelösungen mit dem Alter der Lösungen größer wird, das heißt die Schutzwirkung der Gelatine nimmt allmählich ab, wahrscheinlich infolge einer Zusammenlagerung von Amikronen zu größeren Teilchen, deren Schutzwirkung geringer ist als die der feineren Gelatineteilchen[2]). Es kann sein, daß die Dickenzunahme der um die Benzolkügelchen adsorbierten Gelatineschicht in Nugents Emulsionen die infolge des Alterns geringere Schutzwirkung der Gelatine überwiegt.

Während Nugents Untersuchungen die Theorie einer um die Benzolkügelchen befindlichen adsorbierten Gelatinehülle stützen, gelang es Holmes und Child[3]) hingegen nicht, in ähnlichen Emulsionen eine Adsorption von Gelatine in der wässerigen Phase quantitativ festzustellen. Ihre Befunde sind jedoch in Frage zu stellen, besonders da Winkelblech[4]) früher ein Gelatinehäutchen an der Grenzfläche flüssig-flüssig beobachtet hatte, wenn verdünnte Gelatinelösungen und Benzol miteinander geschüttelt wurden. Dies ist zu erwarten, da nach Bancroft[5]) ein Emulgator um so leichter in die Grenzfläche geht, je schwerer er durch eine der Flüssigkeiten peptisiert wird. Feste Gelatine wird durch Wasser nur schwer, durch Benzol gar nicht peptisiert.

Interessante Untersuchungen über das Adsorptionshäutchen in Wasser/Ölemulsionen sind von Holmes und Cameron[6]) ausgeführt

---

[1]) Journ. of industr. a. engineer. chem. Bd. 13, S. 699. 1921.
[2]) Zeitschr. f. physikal. Chem. Bd. 68, S. 129. 1909.
[3]) Journ. of the Americ. chem. soc. Bd. 42, S. 2049. 1920.
[4]) Zeitschr. f. angew. Chem. Bd. 19, S. 1953. 1906.
[5]) Applied Colloid Chemistry 1921, S. 260.
[6]) Journ. of the Americ. chem. soc. Bd. 44, S. 66. 1922.

worden, die fanden, daß bei Zusatz von einigen großen Wassertropfen zu einer Lösung von Cellulosenitrat in einer Mischung von 1 Teil Amylacetat und 3 Teilen Benzol zähe elastische Häutchen um die Wassertropfen sehr schnell sichtbar wurden. Um quantitative Ergebnisse zu bekommen, wurden 7 Emulsionen hergestellt durch Dispergierung von 40 ccm Glycerin in 25 ccm einer Lösung von Cellulosenitrat in Aceton. Es wurde eine mechanische Schüttelmaschine, die 7 Flaschen faßte, benutzt. Die Emulsionen ließ man während 18 Stunden „rahmen", das heißt das Glycerin sinkt zu Boden und eine klare obere Schicht, bestehend aus Aceton-Cellulosenitratlösung kommt zum Vorschein. In 10 ccm dieser oberen Schicht wurde der Cellulosenitratgehalt bestimmt und mit dem ursprünglichen Gehalt der Lösung verglichen. Die Differenz im Gehalt ist ein Maß für die Adsorption des Cellusoenitrats. Es wurden die folgenden Werte erhalten:

Emulsion	Cellulosenitrat in 10 ccm		Adsorbiertes Cellulosenitrat (auf je 10 ccm)
	der Lösung g	der abgetrennten Schicht der Emulsion g	
1	0,0058	0,0049	0,0009
2	0,0274	0,0251	0,0023
3	0,0344	0,0310	0,0034
4	0,0531	0,0493	0,0037
5	0,0988	0,0910	0,0078
6	0,1463	0,1300	0,0163
7	—	0,2168	—

In Abb. 8 sind diese Werte eingetragen, und zwar als Ordinaten die Adsorption des Cellulosenitrats in der Grenzfläche Glycerin/Aceton, als Abszissen die Konzentration in der klaren Schicht, die sich oberhalb der Emulsion befindet. An Stelle der gewöhnlichen, für die Adsorption charakteristischen Kurve erhielt man eine von der Norm abweichende. Zwischen Punkt 0 und 4 verläuft die Kurve wie die Adsorptionsisotherme, dann tritt aber irgendeine radikale Veränderung ein. Holmes und Cameron sind der Meinung, daß die Adsorption so schnell vor sich geht, daß eine Fällung oder Koagulation an der Grenzfläche Glycerin/Aceton stattfindet.

Neben der Adsorption gelöster Substanzen an der Grenzfläche flüssig-flüssig können auch fein verteilte feste Körper adsorbiert werden;

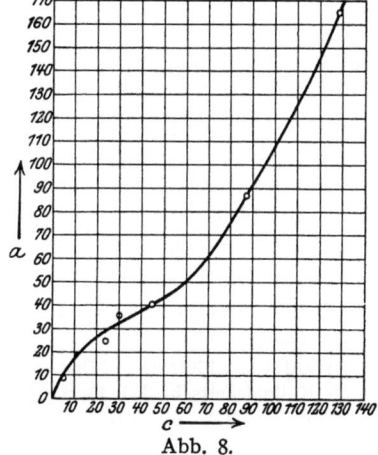

Abb. 8.

die Größe der Adsorption hängt dabei in der Hauptsache ab von den relativen benetzenden Fähigkeiten der beiden Flüssigkeiten gegenüber der festen Substanz. Bringt man eine Flüssigkeit auf einen festen Körper, so berühren sie sich unter einem bestimmten Winkel[1] („Randwinkel"), der für einen gegebenen festen Körper und eine gegebene Flüssigkeit konstant ist. Es ist dieser Randwinkel der Winkel zwischen der Oberfläche der Flüssigkeit und der Grenzfläche fest-flüssig. Benetzt eine Flüssigkeit einen festen Körper, so ist der Randwinkel gleich Null. Anders ausgedrückt kann man auch sagen: Damit Benetzung zustande kommt, muß die Differenz zwischen der Oberflächenspannung des festen Körpers und der Grenzflächenspannung an der Trennungsfläche fest-flüssig gleich oder größer sein als die Oberflächenspannung der Flüssigkeit.

Reinders[2] hat die Verteilung von feinverteilten festen Körpern und kolloiden Suspensionen zwischen zwei nichtmischbaren Flüssigkeiten diskutiert.

Es sei $T.AS$ die Grenzflächenspannung zwischen einer Flüssigkeit A und dem festen Körper, $T.BS$ die Grenzflächenspannung zwischen einer Flüssigkeit B und dem festen Körper, $T.AB$ die Grenzflächenspannung zwischen den beiden Flüssigkeiten. Pulverisiert man den festen Körper und schüttelt ihn dann mit den beiden Flüssigkeiten, so sind 3 Fälle zu betrachten:

$$I \quad T_{BS} > T_{AB} + T_{AS}$$
$$II \quad T_{AS} > T_{AB} + T_{BS}$$
$$III \quad T_{AB} > T_{BS} + T_{AS}.$$

Im 1. Falle wird der feste Körper ganz in der Flüssigkeit A bleiben und im 2. Fall ganz in der Flüssigkeit B. Im 3. Falle geht das Pulver in die Grenzfläche und ist bestrebt, die beiden Flüssigkeiten zu trennen. Wenn keine der 3 Spannungen größer ist als die Summe der beiden anderen, so geht das Pulver in die Oberfläche und die 3 Phasen berühren sich unter einem gewissen Randwinkel. Diese Abweichungen stehen gut im Einklang mit dem Le Chatelier - Braunschen Prinzip des beweglichen Gleichgewichts.

Alle fein verteilten festen Körper, die als Emulgatoren wirken, gehen in die Grenzfläche zwischen den beiden Emulsionsflüssigkeiten. Ihre Verteilung wird folgendermaßen bestimmt: Man betrachte eine feste Kugel S, die sich an der Grenzfläche zwischen den Flüssigkeiten A und B befindet. Es herrscht Gleichgewicht, wenn $T_{AB} = T_{BS} + T_{AB} \cos \alpha$

---

[1] Edser: „Flotation", Brit. assoc. colloid reports Bd. 4, S. 289. 1922.
[2] Kolloid-Zeitschr. Bd. 13, S. 235. 1913; siehe auch Rickard: „Concentration by Flotation" (N. Y.), 1921, S. 335; Bancroft: „Applied Colloid Chemistry", 1921, S. 86.

ist, wo α der Randwinkel ist. Ist $T_{AS} > T_{BS}$, dann ist $\cos \alpha$ positiv und $\alpha < 90°$. Der größere Teil der festen Kugel wird dann von der Flüssigkeit B umspült, das heißt, ihr Äquator befindet sich in der Flüssigkeit B. Ist $T_{AS} < T_{BS}$, dann ist $\cos \alpha$ negativ und $\alpha > 90°$. Der größere Teil der Kugel taucht dann in der Flüssigkeit A ein.

Ältere Untersuchungen über die Konzentration gelöster Substanzen an verschiedenen Grenzflächen flüssig-flüssig liegen vor von Wilson[1]), Swan[2]), von Lerch[3]) und Tomlinson[4]). Hofmann[5]) untersuchte mit Hilfe von fein verteilter Mennige die Konzentration kleiner fester Teilchen an der Grenzfläche Chloroform/Wasser. Schüttelt man diesen festen Körper mit Chloroform und Wasser, so werden die Chloroformtröpfchen von der Mennige umhüllt und so in der wässerigen Phase in Emulsion gehalten. Hofmann, der von Gedankengängen von Des Coudres[6]) ausgeht, erklärt diese Erscheinung folgendermaßen: Wird ein fein verteilter fester Körper von Wasser besser benetzt als von Chloroform, so verdrängt das Wasser das Chloroform und bildet eine wässerige Hülle um die festen Teilchen; diese werden bestrebt sein, in der wässerigen Phase zu bleiben, da Arbeit aufgewandt werden muß, um sie daraus zu entfernen. Bei organischen Flüssigkeiten, die, wie Chloroform, schwerer als Wasser sind, werden die festen Teilchen im Wasser bleiben, mit Ausnahme jener Teilchen, die infolge ihrer Größe unter dem Einfluß der Schwerkraft zu Boden sinken. Bei einer Flüssigkeit wie Benzol, das leichter als Wasser ist, werden alle Teilchen in der wässerigen Phase bleiben.

Eine Erweiterung dieser Regel besagt, daß, falls Chloroform oder Benzol den festen Körper stärker benetzt als Wasser, Wasserkügelchen, die von festen Teilchen umgeben sind, bestehen bleiben werden. Sie sind in einer geschlossenen Chloroform- oder Benzolphase suspendiert.

Neuere Ansichten über Grenzflächenspannung und Adsorption. Die gewöhnliche Auffassung der Oberflächenspannung, die auf Laplace[7]) zurückgeht, stützt sich auf die Theorie, daß die in der Oberfläche einer Flüssigkeit sich befindenden Moleküle infolge der Anziehung durch die Moleküle im Innern der Flüssigkeit mit beträchtlicher Kraft nach innen

---

[1]) Journ. of the chem. soc. (London) Bd. 1, S. 174. 1848.
[2]) Philosoph. mag. Bd. 33, S. 36. 1848.
[3]) Drudes Ann. Bd. 9, S. 434. 1902.
[4]) Phil. Transact. Bd. 161, S. 51. 1871.
[5]) Zeitschr. f. physikal. Chem. Bd. 83, S. 385. 1913; siehe auch Zeitschr. f. Biologie Bd. 63, S. 386. 1914. (Übersetzer).
[6]) Arch. f. Entwicklungsmech. d. Organismen Bd. 7, S. 325. 1898.
[7]) Siehe Maxwell u. Rayleigh: Enc. Brit., „Capillarity"; Hatschek u. Willows: „Surface tension and surface energy" (London 1915); Edser: General physics for students, Kap. X u. XVI; Hardy: Nature Bd. 109, S. 375. 1922.

gezogen werden. Die Moleküle im Innern der Flüssigkeit werden von allen Seiten angezogen, während die an der Oberfläche einer ungleichmäßigen Anziehung unterliegen. Der eigentümliche Spannungszustand an der Oberfläche einer Flüssigkeit wird diesem nach innen gerichteten Zug auf die Oberflächenmoleküle zugeschrieben.

Neuerdings sind Langmuir[1]) und Harkins[2]), die in etwas verschiedener Richtung arbeiteten, unabhängig voneinander zu denselben Anschauungen über den Feinbau von Flüssigkeitsoberflächen und über das Wesen der Oberflächenspannung gelangt. Der Grundgedanke dabei ist, daß die Moleküle in der Oberfläche einer in Berührung mit der Luft (oder ihrem eigenen Dampf) befindlichen Flüssigkeit gerichtet sind. Der Hauptfaktor, von dem die Oberflächenspannung abhängt, ist der Feinbau der oberflächlichen Atomschicht. Die Moleküle in der Oberfläche sind so gerichtet, daß ihre aktivsten Teile nach innen gezogen sind, so daß die am wenigsten aktiven Teile der Moleküle (die nach der Dampfphase gerichtet sind) die Oberflächenschicht charakterisieren. Es wird angenommen, daß der aktive Teil des Moleküls ein starkes Streufeld oder eine Restvalenz besitzt. Daher sind die Moleküle in einer Oberflächenschicht so gelagert, daß diese Restvalenz ein Minimum hat. Auf Grund dieser Auffassung wird die Oberflächenspannung (oder die Oberflächenenergie) von Langmuir definiert als „ein Maß für die potentielle Energie des elektromagnetischen Streufeldes, das sich von der oberflächlichen Atomschicht aus erstreckt. Die Oberflächenenergie einer Flüssigkeit ist also nicht eine Eigenschaft der Flüssigkeitsmoleküle an und für sich, sondern hängt ab von den am wenigsten aktiven Teilen der Moleküle und von der Art und Weise, wie diese sich in der Oberflächenschicht anordnen können".

So sind bei den flüssigen Kohlenwasserstoffen der Paraffinreihe die Moleküle derart angeordnet, daß die CH_3-Gruppen an den Enden der Kohlenwasserstoffketten die Oberflächenschicht bilden, unabhängig von der Länge der Kette. Es ist experimentell gezeigt worden, daß die ganze Reihe vom Hexan bis zum flüssigen Paraffin praktisch die gleiche Oberflächenenergie besitzt, nämlich 46—48 Erg/qcm, obwohl ihre Molekulargewichte sehr verschieden sind. Bei organischen Flüssigkeiten im allgemeinen sind die aktiven Gruppen, wie NO_2, CN, COOH, COOM, COOR, NH_2, $NHCH_3$, NCS, COR, CHO, J, OH nach dem Innern der Flüssigkeit gerichtet, ebenso die Gruppen, die N, S, O, J oder Doppelbindungen enthalten. Langmuirs Untersuchungen über die Oberflächenhäutchen, die organische Flüssigkeiten auf Wasser oder Quecksilber bilden, und Harkins' Untersuchungen über Ober-

---

[1]) Langmuir: Journ .of the Americ. chem. soc. Bd. 39, S. 1848. 1917.
[2]) Harkins et al: Journ. of the Americ. chem. soc. Bd. 39, S. 354, 541. 1917.

flächenerscheinungen bilden eine starke Stütze für diese neuen Gedankengänge. Weitere experimentelle Bestätigungen sind auch von Adam[1]) und Woog[2]) erhalten worden.

Für das Studium der Emulsionen ist die Beschaffenheit der Grenzfläche zwischen zwei Flüssigkeiten von ausschlaggebender Bedeutung. Es haben sich Tatsachen angehäuft, die die Ansicht stützen, daß bei Berührung zweier reiner Flüssigkeiten ihre gleichartigen Teile sich einander zuwenden, wodurch die trennende Grenzfläche eine bestimmte Lagerung oder Anordnung der Moleküle erhält. Wenn also eine organische Flüssigkeit und Wasser eine Grenzfläche bilden, so wendet sich das organische Radikal zur organischen Flüssigkeit und die aktive oder „polare" Gruppe zum Wasser. Als Beispiel wollen wir ein Häutchen aus Ölsäure — [$CH_3 \cdot (CH_2)_7 \cdot CH : CH(CH_2)_7 \cdot COOH$] —, das sich auf Wasser ausbreitet, betrachten. Die COOH-Gruppen „lösen" sich im Wasser, das heißt sie verbinden sich mit dem Wasser infolge der sekundären Valenzen. Die lange Kohlenwasserstoffkette ist vom Wasser weggewandt. Die Ölsäuremoleküle richten sich in der Wasseroberfläche derart, daß ihre Kohlenwasserstoffketten, Seite an Seite gelagert, senkrecht oberhalb der COOH-Gruppen liegen. Es wird auf diese Weise ein Häutchen von monomolekularer Dicke gebildet. Aus solchen Betrachtungen folgt, daß Kohlenwasserstoffe ohne aktive oder polare Gruppen, die sich mit Wasser verbinden können, sich auf einer Wasseroberfläche nicht ausbreiten sollten. Dies ist an einem Paraffinöl, das sich nicht als gleichmäßiges Häutchen auf Wasser ausbreitet, experimentell endgültig nachgewiesen worden[3]).

Da wir die Behauptung, die Grenzfläche flüssig-flüssig besitze einen bestimmten Feinbau, anerkannt haben, müssen wir von diesem neueren Standpunkte aus die Veränderungen an den Grenzflächen betrachten, die auftreten, wenn ein Emulgator an der Grenzfläche adsorbiert wird.

Harkins hat auf das allgemeine Gesetz hingewiesen, daß „die Zustandsänderung, die an irgendeiner Oberfläche oder Grenzfläche stattfindet, der Art ist, daß sie den Übergang zur angrenzenden Phase weniger schroff gestaltet". Durch das Richten der Moleküle in der Grenzfläche flüssig-flüssig werden gleichartige Gruppen einander zugewandt. Die Verminderung der freien Energie, die zustande kommt, wenn die Oberfläche einer gegebenen Flüssigkeit in Berührung kommt mit der Oberfläche einer polaren Flüssigkeit wie Wasser, hängt in der

---

[1]) Nature Bd. 107, S. 522. 1921; Proc. of the roy. soc. of London (A), Bd. 99, S. 336. 1921.

[2]) Cpt. rend. Bd. 173, S. 387. 1921.

[3]) Hardy: Proc. of the roy. soc. of London (A), Bd. 86, S. 632. 1912; Edser: Brit. assoc. colloid reports Bd. 4, S. 301. 1922.

Hauptsache ab von der aktivsten oder polaren Gruppe des Moleküls (z. B. COOH) und auch von der Größe und Gestalt des Moleküls. Experimentell konnte gezeigt werden, daß die Anwesenheit solcher aktiver oder polarer Gruppen in einer Flüssigkeit eng verbunden ist mit ihrer Wasserlöslichkeit, derart, daß Flüssigkeiten mit niedriger Oberflächenspannung mehr oder weniger mischbar sind[1]). Harkins schreibt: „Die Löslichkeit in Wasser ist mit der Verminderung der freien Energie verbunden, die ein mehr oder weniger gutes Maß für die Anziehungskraft der aktiven Gruppen auf das Wassermolekül bildet."

Nun kann man die Löslichkeit einer Flüssigkeit in einer anderen als den extremsten Fall der kontinuierlichen Vergrößerung der trennenden Grenzfläche zwischen den beiden Flüssigkeiten betrachten[2]) und, wie schon bemerkt, gibt es dann keine Grenzflächenspannung. Da Emulsionen Systeme aus zwei nichtlöslichen Flüssigkeiten sind, so folgt, daß die Anwesenheit aktiver oder polarer Radikale in solchen Fällen eine nicht genügende Anzahl von Restvalenzen wirksam werden läßt. Es muß eine dritte Substanz zugefügt werden, und, um wirksam zu sein, muß sie die Fähigkeit besitzen, den Übergang einer der Flüssigkeiten zur angrenzenden Phase zu unterstützen oder weniger schroff zu gestalten. Bei zwei nichtmischbaren Flüssigkeiten wird ein Emulgator mithin dann an ihrer Grenzfläche adsorbiert werden, wenn diese Substanz Molekülgruppen besitzt, von denen sich einige zur einen Flüssigkeit, andere zur anderen wenden. Der Emulgator muß gewissermaßen den beiden unähnlichen Flüssigkeiten als Brücke dienen. Infolge seiner Adsorption an der Grenzfläche wird die Spannung dort vermindert, und verminderte Grenzflächenspannung gestattet vermehrte Aufteilung einer der Flüssigkeiten in der anderen[3]). So verringert Na-Oleat die freie Energie zwischen Benzol und Wasser und begünstigt die Emulgierung von Benzol in Wasser. Welche der beiden Flüssigkeiten in Form von Kügelchen in der anderen dispergiert wird, hängt von der Art des Gerichtetseins und der Stärke der bei der Adsorption des Emulgators an der Grenzfläche wirksamen Restvalenzen ab. (Siehe S. 83.)

---

[1]) Berühren sich zwei sehr unähnliche Flüssigkeiten, so sind die Grenzmoleküle jeder der beiden Flüssigkeiten nach dem Innern ihrer eigenen Flüssigkeit gerichtet, und es wird eine hohe Grenzflächenspannung (entsprechend der Laplaceschen Oberflächenspannung) erzeugt. Ist das polare Ende eines Flüssigkeitsmoleküls nach der anderen Flüssigkeit hin gewandt, so muß die Grenzflächenspannung notwendigerweise erniedrigt werden, bis — bei zwei gänzlich mischbaren Flüssigkeiten — die Grenzflächenspannung gleich Null wird.

[2]) Siehe Mees: Chem. Weekblad. Bd. 19, S. 82. 1922.

[3]) Siehe Wilson u. Barnard: Journ. of industr. a. engineer. chem. Bd. 14, S. 690. 1922.

Um noch einmal zu wiederholen: Das Wesentliche der Emulgatoren im allgemeinen ist, daß sie an der Grenzfläche flüssig-flüssig gerichtet sind, und zwar so gerichtet, daß die freie Oberflächenenergie auf ein Minimum reduziert ist. Das polare oder aktive Ende des Emulgators ist nach der stärker polaren oder aktiven Flüssigkeit gerichtet, das weniger polare Ende nach der weniger polaren Flüssigkeit. Thermodynamisch ist diese Anschauung vollkommen stichhaltig.

V. Umkehrbare Emulsionen und Phasenumkehr.

Mit zwei nichtmischbaren Flüssigkeiten A und B kann man theoretisch zwei verschiedene Emulsionsarten erhalten; es kann nämlich A in B und B in A dispergiert sein. Ferner könnte man anfänglich glauben, daß diese beiden Emulsionsreihen in jedem gegebenen Phasenverhältnis herzustellen sind, z. B. von 1% von A in B oder B in A, bis zu, beispielsweise, 99% von A in B oder B in A.

Die ersten Untersucher, die über Emulsionen arbeiteten, beschäftigten sich alle mit dem bekannten Typus, bei dem Öl die disperse Phase, Wasser oder eine wässerige Lösung das Dispersionsmittel waren. Neuerdings hat man gezeigt, daß Wasser unter Bildung beständiger Emulsionen in organischen Medien dispergiert werden kann, und verschiedene Untersucher haben die obenerwähnten theoretischen Emulsionen experimentell dargestellt. Diese Fragen spielen in verschiedenen Industrien eine große praktische Rolle, so z. B. für Farben, Butter und Margarine. Ihre größte Bedeutung liegt jedoch in ihrem grundlegenden Einfluß auf die allgemeine Theorie der Emulsionen und der Emulgierung und hat sogar zu der heute weitgehend anerkannten „Adsorptionshäutchen"-Theorie der Emulsionen geführt.

Wie wir bereits gesehen haben, hat Wa. Ostwald[1]) schon zwei Emulsionsarten gekannt, er glaubte aber, daß umkehrbare Emulsionen auf bestimmte Phasenvolumenverhältnisse beschränkt seien. Er wies jedoch auf die bedeutsame Tatsache hin, daß zwei Emulsionen von derselben Konzentration, aber von entgegengesetztem Typus, gänzlich verschiedene Eigenschaften besitzen würden.

Die vorliegende Besprechung beschäftigt sich nicht so sehr mit der Herstellung einer Emulsion bestimmter Art, wie mit ihrer U m k e h r u n g in eine der entgegengesetzten Art durch geeignete Hilfsmittel unter Ausschluß mechanischer Mittel[2]).

---

[1]) Kolloid-Zeitschr. Bd. 6, S. 103. 1910; Bd. 7, S. 64. 1910.
[2]) Wie beim Buttern oder beim „Rollen" der Margarine.

Robertson[1]) war einer der ersten Untersucher, die sich mit dieser Frage beschäftigt haben. Seine Arbeiten bilden aber eigentlich eine Untersuchung über Phasenvolumenverhältnisse und sind in diesem Zusammenhang schon besprochen worden. Die Tatsache, daß er Phasenumkehrung und zwei Arten von Emulsionen erhielt, ist wichtig; seine quantitativen Ergebnisse sind jedoch unbefriedigend.

Newman[2]) hat die beiden Emulsionstypen untersucht, die man mit Wasser und Benzol erhält. Er fand, daß bei Anwendung von Na-Oleat als Emulgator Wasser immer die äußere Phase bildet, unabhängig von dem Mengenverhältnis der Phasen. Es konnten sogar 99 ccm Benzol in 1 ccm Wasser, das etwa 0,05 g Na-Oleat enthielt, emulgiert werden. Diese Emulsion war steif wie Gelee. Bei Anwendung von Mg-Oleat als Emulgator erhielt Newman Emulsionen von Wasser in Benzol. Er fand, daß Emulsionen von Wasser in Bezol, die durch Mg-Oleat beständig gemacht waren, durch Zusatz von genügenden Mengen Na-Oleat zur Umkehr gebracht werden konnten. Auf ähnliche Weise konnte man Emulsionen von Wasser in Schwefelkohlenstoff umkehren.

Briggs und Schmidt[3]) erweiterten diese Untersuchungen und bestätigten Newmans Befunde. Man erhielt bei Anwendung von Mg-Oleat als Emulgator leicht Emulsionen, die mehr als 90% Wasser in Benzol dispergiert enthielten. Die Emulsionen von Wasser in Benzol sind jedoch nicht so beständig wie jene von Benzol in Wasser. Bariumoleat war nicht so wirksam wie Magnesiumoleat.

Die erste eingehende Untersuchung über die tatsächliche Umkehrung einer Öl/Wasseremulsion in eine Wasser/Ölemulsion ist von Clowes ausgeführt worden, der hierzu veranlaßt wurde durch die Beobachtung Bancrofts, daß Natriumseifen die Emulgierung von Öl in Wasser begünstigen, während Calciumseifen den umgekehrten Typ hervorrufen. Ähnliche antagonistische Wirkungen sind in der Biologie bekannt, so z. B. bei der Bildung eines Blutkoagulums aus Blutplasma oder eines Caseinkoagulums aus einer Caseinsuspension. Beide Prozesse werden, wie Clowes gezeigt hat, durch Calciumsalze gefördert und durch Alkalien und Natriumsalze verhindert oder verzögert. Mathews[4]) hat, soweit physiologische Systeme in Betracht kommen, als erster die antagonistischen Wirkungen von NaCl und $CaCl_2$ erkannt, während Clowes der erste war, der ihren Einfluß auf Emulsionen zu würdigen verstand, denn er zeigte, daß eine Öl/Wasseremulsion durch Schütteln mit Calciumsalzen in eine Wasser/Ölemulsion umgewandelt werden

---

[1]) Kolloid-Zeitschr. Bd. 7, S. 7. 1910.
[2]) Journ. phys. chem. Bd. 18, S. 34. 1914.
[3]) Journ. phys. chem. Bd. 19, S. 478—499. 1915.
[4]) Americ. journ. of physiol. Bd. 11, S. 455. 1904.

kann[1]). Schüttelt man die Emulsion mit einer ausreichenden Menge NaOH, so wird sie in ihre ursprüngliche Form zurückverwandelt. Später zeigte Clowes[2]), daß Zusatz von $CaCl_2$ bei Emulsionen von Olivenöl in Wasser, die durch NaOH beständig gemacht waren, zu einem kritischen Zustand führen kann, bei welchem die Neigung zur Bildung beider Emulsionsarten beinahe gleich groß ist. Dies ist der Fall, wenn äquivalente Mengen Ca˙- und OH′-Ionen anwesend sind, wobei der Wirkung der Ca˙-Ionen durch die Wirkung der OH′-Ionen die Wage gehalten wird.

Er zeigte ferner, daß bei Öl/Wasseremulsionen, zu denen verschiedene Mengen $CaCl_2$ und Na-Citrat zugefügt wurden, die antagonistischen Wirkungen der Calcium- und Citrationen verschwanden, wenn die beiden Ionen im Verhältnis 1 : 2 anwesend waren. Eine Calciumchlorid- und Na-Citratlösung, in der das Verhältnis des Ca-Ions zum Citration 1 : 2 ist, übt keine hämolysierende Wirkung auf rote Blutkörperchen aus und ist, bei Mäusen intravenös injiziert, unwirksam. Lösungen, bei denen man dieses Ionenverhältnis nicht innehält, rufen sofort deutliche Wirkungen hervor. Clowes äußerte die Vermutung, daß die Wirksamkeit der Ionen durch Adsorption zustande käme.

Osterhout[3]) und Loeb[4]) haben wiederholt biologisch sehr interessante antagonistische Elektrolytwirkungen beschrieben und quantitativ untersucht.

In einer erschöpfenden Arbeit, die „Protoplasmic Equilibrium" betitelt ist, besprach Clowes[5]) im Jahre 1916 eingehend die Frage der Umkehrung von Emulsionen. Er zeigte deutlich, daß es sich bei der umkehrenden Wirkung von $CaCl_2$ auf Emulsionen von Öl in sehr verdünnter Natronlauge nicht um eine antagonistische Wirkung zwischen den Kationen Ca und Na handelt, sondern vielmehr um eine antagonistische Wirkung zwischen Kationen und Anionen, die auf dem Oberflächenhäutchen oder den umhüllenden Membranen, die die dispergierten Kügelchen in einer beständigen Emulsion umgeben, adsorbiert sind. Es kann auch sein, daß die Ionen mit ihnen eine Reaktion eingehen. „Beim $CaCl_2$ wird das Kation Ca nur leichter adsorbiert als das Anion Cl, während beim NaCl das Anion Cl etwas leichter adsorbiert wird als das Kation Na."

---

[1]) Proc. of the soc. of exp. biol. a. med. Bd. 11, S. 1. 1913.
[2]) Kolloid-Zeitschr. Bd. 15, S. 123—126. 1914.
[3]) Plant World Bd. 16, S. 129. 1913; Journ. of biol. chem. Bd. 19, S. 335. 1914; Science Bd. 41, S. 255. 1915.
[4]) Artificial parthenogenesis and fertilisation 1913; The mechanistic conception of life. 1912.
[5]) Journ. phys. chem. Bd. 20, S. 407—451. 1916.

Umkehrbare Emulsionen und Phasenumkehr.

Die Emulsionen enthielten gleiche Volumina Wasser und Olivenöl. Letzteres enthält genügend freie Ölsäure, um mit der gesamten zugefügten Menge NaOH Seife zu bilden. Zuerst wurde mit einer Schüttelmaschine, dann mit der Hand geschüttelt. Die Wirkung verschiedener Mengen NaOH und $CaCl_2$ auf eine solche Emulsion, die je 10 ccm Öl und Wasser enthielt, wird in der folgenden Tabelle wiedergegeben:

Volumen der m/10-NaOH-Lösungen ccm	Volumen der m/10-$CaCl_2$-Lösung ccm			
	0,25	0,5	0,75	1,0
1	R	W/O	W/O	W/O
2	O/W	R	W/O	W/O
3	O/W	O/W	R	W/O
4	O/W	O/W	O/W	R

W/O = Wasser/Ölemulsion; O/W = Öl/Wasseremulsion; R = kritischer (Umkehrungs-) Punkt.

Diese Befunde zeigen, daß, wenn das Verhältnis von NaOH zu $CaCl_2$ genau 4 : 1 ist, keine der beiden Emulsionsarten vorliegt. Öl/Wasseremulsionen entstehen, wenn das Verhältnis größer als 4 : 1, Wasser/Ölemulsionen, wenn es kleiner als 4 : 1 ist. Im kritischen Punkte ist auf zwei chemische Äquivalente NaOH immer ein Äquivalent $CaCl_2$ vorhanden, so daß Na-Oleat und Ca-Oleat in äquivalenten Verhältnissen anwesend sind. Die Emulsionsart hängt mithin von der Beschaffenheit der anwesenden Seife ab. Natriumoleat führt zu einer Dispergierung von Öl in Wasser, Calciumoleat zu einer Dispergierung von Wasser in Öl. Die theoretische Erklärung dieser Erscheinungen ist von Bancroft gegeben und von Clowes anerkannt worden; sie wird im folgenden Kapitel erörtert werden.

Clowes verfolgte die tatsächliche Umkehrung einer Öl/Wasseremulsion unter dem Mikroskop. Die Ölkügelchen werden deformiert und in der Nähe des kritischen Punktes in die Länge gezogen. In diesem Stadium ist die Brownsche Molekularbewegung sehr lebhaft. Im kritischen Punkte befinden sich große Wasser- und Ölmengen in sehr lebhafter Bewegung, wahrscheinlich infolge der Anwesenheit zweier geschlossener Phasen. Nach Überschreitung des kritischen Punktes enthält die Emulsion hauptsächlich große Wassertropfen, die von Öl umgeben sind. In den Wassertropfen befinden sich immer noch kleine Ölkügelchen, die lebhafte Brownsche Molekularbewegung zeigen. Die Umwandlung in eine Wasser/Ölemulsion wird als vollständig betrachtet, wenn diese Brownsche Molekularbewegung gänzlich aufhört. In Abb. 9 ist eine solche Umkehrung (nach Clowes) schematisiert dargestellt.

Parsons und Wilson[1]) haben ebenfalls das Verhalten von Emulsionen bei der Umkehrung beschrieben. Umkehrung wurde erzielt durch Zusatz von Magnesiumsalzen zu Emulsionen von „Nujol" (einem Mineralöl) in verdünnter Na-Oleatlösung. Bei Zusatz eines Magnesiumsalzes wurde zuerst die Viscosität der Öl/Wasseremulsion stark herabgesetzt. Dann stieg die Viscosität an, wobei das Öl zur äußeren Phase wurde. Zur Erklärunge dieser Wirkungen wird angenommen, daß das Mg-Salz auf die im adsorbierten Häutchen befindliche Natriumseife einwirkt, wodurch es zu einer vorübergehenden Entmischung der Emulsion kommt. Das durch Umsetzung gebildete Magnesiumoleat löst sich dann im Öl auf und ruft eine Wasser/Ölemulsion hervor, ein System mit der für Emulsionen charakteristischen Viscosität.

Bei der Untersuchung anderer Elektrolyte fand man, daß Mg-, Sr-, Ba-, Fe-, Al-Salze usw. eine Wirkung ausüben, die mit der Ca-Wirkung vergleichbar ist, während an Stelle von NaOH KOH, LiOH usw. angewandt werden können. Bei Anwendung von $MgCl_2$ und NaOH gibt es ein kritisches Mengenverhältnis, wenn Na-Oleat und Mg-Oleat in äquivalenten Verhältnissen anwesend sind. Clowes teilte die Elektrolyte in 2 Hauptgruppen ein: 1. solche, die Öl in Wasser dispergieren — Salze der einwertigen Kationen Li, Na, K usw., Alkalien, Salze zwei- und dreiwertiger Anionen; 2. solche, die Wasser in Öl dispergieren — Salze der zweiwertigen und dreiwertigen Kationen Ca, Sr, Ba, Fe, Al.

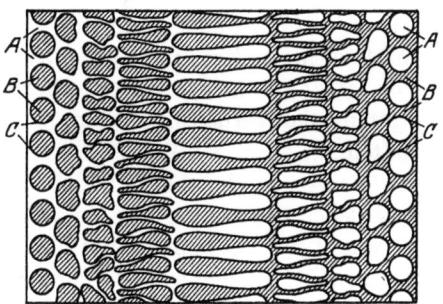

Abb. 9. *A* Wasser, *B* Öl, *C* adsorbiertes Häutchen.

Clowes bestimmte mit einem Traubeschen Stalagmometer die Anzahl Tropfen, die man erhält, wenn ein gegebenes Volumen einer Elektrolytlösung in Olivenöl, das „eine gewisse Menge Ölsäure" enthielt, hineingetropft wird. Das hierbei zugrundeliegende Prinzip ist dasselbe wie bei der Donnanschen Pipette: Je größer die erhaltene Tropfenzahl, desto ausgesprochener das Bestreben, zu emulgieren.

Clowes fand, daß kleine Mengen NaCl und KCl die Bildung von Öl/Wasseremulsionen begünstigen und in einem Verhältnis von etwa 100—150 Molekülen NaCl zu einem Molekül $CaCl_2$ die Wirkung des $CaCl_2$ aufheben. Augenscheinlich beruht dies auf einer stärkeren Adsorption der Cl'-Ionen als der $Na^·$-Ionen an das Seifenhäutchen oder auf vermehrter Adsorption der in dem System schon vorhandenen

---

[1]) Journ. of industr. a. engineer. chem. Bd. 13, S. 1119. 1921.

OH'-Ionen. Die folgende Tabelle stammt von Clowes und zeigt die antagonistischen Einflüsse von NaCl und $CaCl_2$:

Versuch	Konzentration des			Tropfen-zahl	Molares Verhältnis NaCl : $CaCl_2$
	NaOH	NaCl	$CaCl_2$		
1	0,001 m	—	—	44	—
2	0,001 ,,	0,15 m	—	300	—
3	0,001 ,,	—	0,0015 m	24	—
4	0,001 ,,	0,15 ,,	0,0015 ,,	44	100 : 1
5	0,001 ,,	0,3 ,,	0,003 ,,	43	100 : 1
6	0,001 ,,	0,45 ,,	0,005 ,,	43	100 : 1,1
7	0,001 ,,	0,6 ,,	0,01 ,,	43	100 : 1,6

Der dispergierende Einfluß von NaCl geht aus Versuch 2 deutlich hervor; die entgegengesetzte Wirkung von $CaCl_2$ aus Versuch 3. Wenn $CaCl_2$ und NaCl in solchen Mengen anwesend sind, daß auf etwa 1 Molekül $CaCl_2$ 100 Moleküle NaCl kommen, dann ist die Tropfenzahl dieselbe wie mit NaOH allein, woraus hervorgeht, daß die antagonistischen Wirkungen des NaCl und $CaCl_2$ sich die Wage halten. Dieses Verhältnis von 100 : 1 scheint, wie Loeb zeigte, auch für gewisse biologische Systeme das Verhältnis zu sein, in dem diese Elektrolyte sich die Wage halten.

Clowes ist der Ansicht, daß die antagonistischen Wirkungen verschiedener Elektrolyte auf Emulsionen und biologische Systeme dazu verwandt werden können, um die Elektrolyte in 2 Hauptgruppen einzuteilen: 1. in Elektrolyte, deren Kation relativ leichter adsorbierbar oder wirksamer als das Anion ist, und 2. in Elektrolyte, deren Anion relativ leichter adsorbierbar oder wirksamer als das Kation ist. ,,Ausgeglichene Lösungen sind solche, in denen die relativen Verhältnisse der Kationen und Anionen, die mit den kolloiden Bestandteilen des Oberflächenhäutchens reagieren oder von diesen adsorbiert werden, keine Änderung in der Ladung oder im Dispersitätsgrad, also auch keine Änderung in der Permeabilität hervorrufen."

Clowes faßt seine Untersuchungen in den Satz zusammen, daß das Gleichgewicht von Emulsionen abhängig ist von dem relativen Verhältnis der positiven und negativen Ionen, die von der stabilisierenden Schutzhülle der dispergierten Teilchen adsorbiert werden. Sind die negativen Ionen im Überschuß, so wird eine Öl/Wasseremulsion begünstigt, während ein Überschuß positiver Ionen die entgegengesetzte Wirkung ausübt. Dieser Auffassung neigt auch Bhatnagar (siehe S. 82) zu, der jedoch ihre Grenzen gezeigt und dargelegt hat, wie sie erweitert werden müßte.

Die Auffassung, daß die Ionenadsorption der für das Emulsionsgleichgewicht wesentliche Faktor ist, wird durch Untersuchungen von Clowes gestützt, in denen er zeigt, daß das Verhältnis zwischen der

Tropfenzahl, die man erhält beim Einfließen wechselnder Mengen von Na-Oleat in Öl und den Seifenkonzentrationen immer ein logarithmisches ist. (Siehe S. 52.) Ferner ist bei Zusatz von Elektrolyten, wie NaOH oder $CaCl_2$, das Verhältnis zwischen Tropfenzahl und Elektrolytkonzentration ebenfalls logarithmisch. Eine weitere Stütze hierfür ist die Tatsache, daß bei Zusatz von NaCl zu einer Öl/Wasseremulsion ein logarithmisches Verhältnis zwischen der Konzentration des zugefügten NaCl und der Konzentration der OH'-Ionen in der wässerigen Phase besteht.

Bhatnagar hat umfangreiche Untersuchungen über die Umkehrung von Emulsionen durch Elektrolyte ausgeführt. Er wandte dabei die von Clayton[1] vorgeschlagene elektrische Methode an, die zur Bestimmung des Umkehrungspunktes sehr geeignet ist. Seine ersten Untersuchungen[2] führte er an Emulsionen aus, die Paraffinöl („Nujol") und Wasser zu gleichen Teilen enthielten. Das Öl enthielt 1% Ölsäure, Stearinsäure oder Linolsäure. Das Öl wurde zusammen mit dem Wasser, zu dem man vorher verschiedene Mengen KOH und Elektrolyte zugefügt hatte, in einer Schüttelmaschine geschüttelt. Die umkehrende Wirkung von $Ba(NO_3)_2$ auf eine Paraffinölemulsion, die 1% Ölsäure und verschiedene Mengen KOH enthielt, geht aus der untenstehenden Tabelle hervor. Das Ölvolumen betrug 10 ccm, das Volumen der wässerigen Phase war in allen Versuchen ebenfalls 10 ccm:

Volumen der m/50-KOH-Lösung ccm	Volumen der m/50-$Ba(NO_3)_2$-Lösung (ccm)						
	0,2	0,4	0,6	0,8	1,0	1,2	1,4
1	R	W/O	W/O	W/O	W/O	W/O	W/O
2	O/W	R	W/O	W/O	W/O	W/O	W/O
3	O/W	O/W	R	W/O	W/O	W/O	W/O
4	O/W	O/W	O/W	R	W/O	W/O	W/O
5	O/W	O/W	O/W	O/W	R	W/O	W/O
6	O/W	O/W	O/W	O/W	O/W	R	W/O

Die Ergebnisse bei Anwendung von $Ba(NO_3)_2$ und KOH in anderer Konzentration zeigt die folgende Zusammenstellung:

Volumen der m/10 KOH-Lösung (ccm)	Volumen der m/10 $Ba(NO_3)_2$-Lösung (ccm)							
	0,1	0,25	0,3	0,4	0,6	0,8	1,0	1,5
1	O/W	R	W/O	W/O	W/O	W/O	W/O	W/O
2	O/W	O/W	O/W	O/W	O/W	O/W	O/W	W/O
3	O/W	O/W	O/W	O/W	O/W	O/W	R	W/O
4	O/W	O/W	O/W	O/W	O/W	?	?	?
5	O/W	O/W	O/W	O/W	O/W	O/W	O/W	W/O
6	O/W	O/W	O/W	O/W	O/W	O/W	O/W	R

[1] Brit. assoc. colloid reports, Bd. 2, S. 114. 1918.
[2] Journ. of the chem. soc. (London) Bd. 117, S. 549. 1920; siehe die Kritik von Bancroft: Journ. of industr. a. engineer. chem. Bd. 13, S. 348. 1921.

Clowes fand, daß Emulsionen von Öl und Wasser, die NaOH und $CaCl_2$ enthielten, sich im kritischen Punkt befinden, wenn auf 4 Moleküle NaOH 1 Molekül $CaCl_2$ kommt, und ebenso fand Bhatnagar, daß im kritischen Punkte das Verhältnis von KOH (in Konzentrationen von m/10 aufwärts) zu $Ba(NO_3)_2$ 4:1 war. Bei niedrigeren Konzentrationen wird das Verhältnis größer; so ist es bei m/50 KOH etwa 5:1. Er fand auch, daß die Beschaffenheit der im Öl vorhandenen Säure das kritische Mengenverhältnis beeinflußte. Ersetzte man bei Anwendung von m/10 KOH und m/10 $Ba(NO_3)_2$ die Ölsäure durch Linolsäure, so wurde der kritische Punkt erreicht, wenn das Verhältnis von KOH zu $Ba(NO_3)_2$ 2:1 war.

Da Bhatnagar[1]) erkannte, daß die Anwesenheit freien Alkalis und freier Fettsäuse das System komplizierter gestaltet, untersuchte er die Umkehrung von Paraffinölemulsionen, die durch verschiedene Seifen beständig gemacht waren. Die Emulsionen waren wie bisher zusammengesetzt und enthielten stets je 10 ccm Öl und wässerige Phase. Jede Emulsion enthielt eine bekannte Menge einer bestimmten Seife und bekannte Mengen verschiedener Elektrolyte. Die Befunde sind in der folgenden Tabelle wiedergegeben, und zwar in Millimol-% der verschiedenen Elektrolyte im kritischen Punkt. (L. c. S. 63, wo „entsprechende Salze in Millimol bei R" heißen sollte „entsprechende Salze und Seifen in Millimol-% bei R".)

Eine Betrachtung der obigen Befunde läßt verschiedene ausgeprägte Eigenschaften hervortreten: a) Die Wertigkeit des Elektrolyten übt

Emulgator	Seifenmenge in Millimolprozent	Elektrolyte in Millimolprozent im Umkehrungspunkt					
		$Ba(NO_3)_2$	$Sr(NO_3)_2$	$Pb(NO_3)_2$	$Ni(NO_3)_2$	$Al_2(SO_4)_3$	$Cr_2(SO_4)_3$
Na-Oleat ..	0,080	0,0398	0,0398	0,0396	0,036	0,014	0,016
	0,101	0,0500	0,052	0,504	0,040	0,017	0,019
	0,150	0,080	0,084	0,082	0,060	0,025	0,027
	0,162	0,084	0,090	0,088	0,076	0,027	0,030
	0,210	0,112	0,116	0,110	0,0798	0,036	0,039
K-Stearat ..	0,086	0,044	0,046	0,040	0,040	0,018	0,018
	0,10	0,0508	0,0512	0,050	0,052	0,026	0,022
	0,15	0,084	0,086	0,078	0,088	0,027	0,026
	0,25	0,132	0,136	0,128	0,140	0,048	0,048
	0,30	0,156	0,160	0,150	0,154	0,056	0,057
Li-Stearat..	0,09	0,040	0,040	0,036	0,042	0,015	0,016
	0,12	0,058	0,058	0,050	0,056	0,021	0,023
	0,16	0,090	0,094	0,080	0,094	0,028	0,029
	0,20	0,102	0,104	0,096	0,106	0,03	0,032
Na-Linoleat .	0,083	0,068	0,068	0,058	0,072	0,028	0,028
	0,112	0,100	0,106	0,090	0,116	0,038	0,037
	0,125	0,128	0,134	0,120	0,136	0,042	0,043
	0,18	0,198	0,200	0,178	0,200	0,061	0,063

---
[1]) Journ. of the chem. soc. (London) Bd. 119, S. 61. 1922.

eine deutliche Wirkung aus. Man braucht bedeutend kleinere Mengen eines dreiwertigen Elektrolyten, wie Aluminium- und Chromsulfat, um die Umkehrung der Öl/Wasseremulsionen zu bewerkstelligen als eines zweiwertigen. b) Die Elektrolyte rufen in folgender Reihenfolge eine Umkehrung hervor: Al > Cr > Ni > Pb > Ba > Sr (Calcium, zweiwertiges Eisen und Magnesium besitzen dieselbe Wirksamkeit wie Strontium.) c) Die Beschaffenheit der anwesenden Seife beeinflußt die zur Phasenumkehr notwendige Elektrolytmenge, es tritt aber der Einfluß der Wertigkeit des Elektrolyten noch hervor.

Bhatnagar[1]) untersuchte die Wirkung einer Änderung des Volumenverhältnisses der Phasen an Emulsionen mit verschiedenen Seifen und denselben mehrwertigen Elektrolyten. Er fand in allen Versuchen, daß die zur Phasenumkehr nötige Menge des Elektrolyten mit Vergrößerung des Volumens der wässerigen Phase zunahm, mit deren Verkleinerung abnahm. Eine entsprechende Vergrößerung der Ölphase hatte die entgegengesetzte Wirkung. So erhielt er in einem Versuche, in dem Bariumnitrat zugesetzt wurde zu einer Emulsion von Öl und Wasser, die Lithiumstearat enthielt, und in dem das Gesamtvolumen der Emulsion 20 ccm betrug, die folgenden Ergebnisse:

Verhältnis: $\frac{\text{Vol. der wässerigen Phase}}{\text{Vol. der Ölphase}}$	Verhältnis: $\frac{\text{Mol Li-Stearat bei R}}{\text{Mol Ba(NO}_3)_2 \text{ bei R}}$
1,00	4,13
3,00	3,43
0,33	6,00

Bhatnagar fand, daß die Wirkung von freien Fettsäuren und Alkalien auf das Emulsionsgleichgewicht zu einer Verschiebung des Umkehrungspunktes führt. Es wurden drei Emulsionsreihen vom selben Na-Oleatgehalt, nämlich 0,162 Millimol-%, und vom selben Volumenverhältnis untersucht. In der ersten Reihe enthielt das Öl freie Fettsäure, in der zweiten befand sich freies Alkali in der wässerigen Phase, während die dritte neutrales Öl und die Seifenlösung enthielt. Der bei diesen Untersuchungen angewandte Elektrolyt war Bariumnitrat. Die untenstehende Tabelle gibt die Konzentration des $Ba(NO_3)_2$ im Umkehrungspunkt an:

Volumen der Emulsion ccm	freies KOH g	freie Fettsäure g	$Ba(NO_3)_2$ Millimol-%
20	0,01	0	0,09
20	0,021	0	0,096
20	0	0,003	0,078
20	0	0,008	0,070
20	0	0	0,084

---

[1]) l. c. S. 64.

Augenscheinlich verschieben freie Fettsäuren und freie Alkalien den Umkehrungspunkt nach der entgegengesetzten Seite.

Parsons und Wilson[1]) haben die Umkehrung von Öl-Wasseremulsionen untersucht; sie verwandten hierbei ein unter dem Namen „Nujol" bekanntes gereinigtes Mineralöl. Die Emulsionen wurden fünfmal durch eine Briggssche Homogenisierungsmaschine[2]) geschickt. Die Öl- und Wasserphase hatten das gleiche Volumen. Es wurde die Wirkung antagonistischer Emulgatoren untersucht, wobei Na-Oleat in der wässerigen Phase, Mg-Oleat im „Nujol" gelöst waren. Man stellte zahlreiche Emulsionen her, in denen das Verhältnis äquivalenter Konzentrationen Mg-Oleat und Na-Oleat von 25 bis zu 0,54 variierte. Man achtete auf das Bestehen eines wirklichen Gleichgewichtes bei Anwesenheit dieser antagonistisch wirkenden Emulgatoren und auf das Vorhandensein eines etwaigen kritischen Mengenverhältnisses dieser Substanzen, bei dem keine Emulsion entsteht. Die allgemeinen Ergebnisse der Untersuchung ergaben, daß ein reines Mineralöl sich anders verhält als ein Öl wie Olivenöl (das Clowes verwandte), da kein kritisches Mengenverhältnis von Mg-Oleat zu Na-Oleat beobachtet wurde, bei dem durch Umkehrung eine neue beständige Emulsion entsteht. Es wurde eine Art Pseudogleichgewicht erzielt, bei dem beide Emulsionsarten nebeneinander bestehen konnten. Dies ist eine wichtige Tatsache, die noch weiter untersucht wird.

Parsons und Wilson untersuchten die umkehrende Wirkung verschiedener zwei- und dreiwertiger Salze auf Nujol/Wasseremulsionen, die durch Na-Oleat beständig gemacht waren. Sie nahmen wässerige Lösungen von $MgSO_4$, $MgCl_2$, $FeSO_4$, $Al_2(SO_4)_3$ und $FeCl_3$. Das Volumenverhältnis des Öls zum Gesamtvolumen wurde in dem entstehenden Gemisch zu 0,5 aufrechterhalten.

Bei den Magnesiumsalzen fand man keinen absolut scharfen Umkehrungspunkt, sondern vielmehr eine gewisse zeitliche Unbeständigkeit, während der eine Umkehrung stattfand. Überwog die äquivalente Mg-Konzentration die Na-Konzentration, so wurde die ursprüngliche Öl/Wasseremulsion vollständig in eine Wasser/Ölemulsion verwandelt. Beide Emulsionsarten entstanden, wenn die äquivalente Mg-Konzentration sich der Na-Konzentration näherte, sie aber nicht überschritt. Es ergab sich, daß der bestimmende Faktor für die Umkehrung von Emulsionen das Verhältnis der Äquivalentgewichte von Magnesium zu Natrium ist, nicht die absoluten Konzentrationen. Das Anion des zugefügten Elektrolyten übte einen nur geringfügigen Einfluß auf das Gleichgewicht der Emulsionen aus.

---

[1]) Journ. of industr. a. engineer. chem. Bd. 13, S. 1116. 1921.
[2]) Journ. phys. chem. Bd. 19, S. 223. 1915.

Bei Zusatz von Eisensulfatlösung zu Nujol/Wasseremulsionen trat die Umkehrung ein, wenn das Verhältnis der äquivalenten Konzentration von Eisensulfat zu Na-Oleat größer als 1 war. Die neue Emulsion entmischte sich bald, da die Eisenseife nur schwach emulgierte.

Es liegen keine qauntitativen Ergebnisse über die Wirkung dreiwertiger Elektrolyte vor. Es fanden vollständige Umkehrungen statt, die Wasser/Ölemulsionen waren aber sehr unbeständig, eine Erscheinung, die auf die sehr schwache emulgierende Wirkung der Al- und Fe-Seifen hinweist.

Bhatnagar[1]) hat eine wertvolle Arbeit über Emulsionsumkehr durch Elektrolyte veröffentlicht. Diese Emulsionen enthielten ebenfalls ein Mineralöl (Nujol), die Emulgatoren waren aber besonders hergestellte und gereinigte unlösliche Suspensionen, nämlich: Zinkhydroxyd, Bleioxyd, Bleicarbonat, Casein, Lecithin, Eieralbumin und Harz. Das Zinkhydroxyd wurde hergestellt durch Zusatz von KOH zu einer 3 proz. Lösung reinen Zinksulfats bis zur Wiederauflösung des gefällten Hydroxyds. Es wurde dann verdünnte Salzsäure so lange vorsichtig zugefügt, bis der Niederschlag gerade wieder auftrat. Der Niederschlag und die überstehende Flüssigkeit wurden dann 5 Tage lang in Pergamenthülsen dialysiert; es fand dann keine Diffusion von Alkali mehr statt, und das Waschwasser war gegen Lackmus neutral. Der Niederschlag wurde dann zu 1 l aufgelöst. Er konnte Emulsionen von Nujol und Wasser beständig erhalten. Die alkalifreien Zinkhydroxydsuspensionen riefen Wasser/Ölemulsionen hervor, während die alkalischen Zinkhydroxydsuspensionen die entgegengesetzte Emulsionsart bildeten. Getrocknetes Zinkhydroxyd war gar nicht imstande, Emulsionen beständig zu machen. Dies mag auf die adsorbierte Lufthülle zurückzuführen sein, die die Benetzung getrockneter Pulver verhindert[2]).

Verschiedene Proben einer Zinkhydroxydsuspension[3]) von gleichem Volumen (20 ccm) und gleichem Gewicht wurden mit 20 ccm Öl emulgiert und die Wirkung verschiedener Elektrolyte bei 17—19° C untersucht. Die folgende Tabelle gibt die erhaltenen Befunde wieder.

Bleioxyd wurde durch Einwirkung von KOH auf $Pb(NO_3)_2$ und Dialysieren des Niederschlags hergestellt. Die Suspension enthielt 4,2 g Bleioxyd pro Liter. Aluminiumhydroxyd erhielt man durch Behandeln einer Lösung von reinem $Al_2(SO_4)_3$ mit NH_4OH und Dialysieren, bis die Innen- und Außenflüssigkeit gegenüber Lackmus neutral waren. Diese Suspension enthielt 3,8 g/l. Das Casein wurde hergestellt durch Auflösen einer abgewogenen Menge reinen Caseins in 0,1 n-KOH und allmählicher Fällung mit Essigsäure. Die dialysierte Suspension wurde

---

[1]) Journ. of the chem. soc. (London) Bd. 119, S. 1760. 1921.
[2]) Siehe Ehrenberg u. Schultze: Kolloid-Zeitschr. Bd. 15, S. 183. 1914.
[3]) Konzentration: 3,2 g/l.

Elektrolyt		Menge in Gramm/Mol-%	Emulsionsart
KCl	1	0,0005	W/O, beständig
	2	0,001	W/O, ,,
	3	0,005	W/O, ,,
K$_2$SO$_4$	1	0,0005	W/O, ,,
	2	0,001	W/O
	3	0,006	W/O
Al$_2$(SO$_4$)$_3$	1	0,0001	W/O
	2	0,001	W/O
	3	0,005	W/O
K$_3$PO$_4$	1	0,001	W/O
	2	0,002	Trennung in Schichten
	3	0,003	O/W
KOH	1	0,001	W/O
	2	0,0015	O/W
	3	0,002	O/W
NaOH		0,002	O/W

so weit verdünnt, daß ihre Konzentration 1,985 g pro Liter betrug. Das Harz benutzte man in einer 0,5 proz. alkoholischen Lösung als Emulgator. Die folgenden Ergebnisse erzielte man durch Zusatz von Elektrolyten zu Emulsionen, die mit den eben genannten Niederschlägen beständig gemacht waren.

1. **Bleioxyd.** Die Emulsionen, die je 15 ccm Öl und wässerige Phase enthielten, waren beständig und vom Typus Wasser/Öl bei Gegenwart von verschiedenen Mengen KCl, K$_2$SO$_4$ und Al$_2$(SO$_4$)$_3$; betrug die KCl-Konzentration 0,005 g/Mol-%, so war die Beständigkeit gering. K$_3$PO$_4$ und KOH verursachten Umkehrung:

Elektrolyt		Menge in Gramm/Mol-%	Emulsionsart
K$_3$PO$_4$	1	0,0021	W/O beständig
	2	0,008	O/W ,,
	3	0,009	O/W ,,
KOH	1	0,002	W/O ,,
	2	0,004	O/W ,,
	3	0,005	O/W ,,

2. **Aluminiumhydroxyd.** Die Emulsionen enthielten je 20 ccm Öl und wässerige Phase und waren vom Typus Öl/Wasser. Bei Zusatz von KCl oder K$_2$SO$_4$ trat keine Umkehrung ein, die Emulsionen waren aber weniger beständig. Die Ergebnisse mit K$_3$PO$_4$ und KOH sind in der Tabelle auf S. 75 wiedergegeben.

3. **Casein.** Die Emulsionen enthielten je 20 ccm Öl und wässerige Phase und waren ursprünglich vom Typus Öl/Wasser. Zusatz von KCl, K$_2$SO$_4$, Ba(NO$_3$)$_2$ und K$_3$PO$_4$ rief keine Umkehrung hervor und

übte praktisch keinen Einfluß auf die Beständigkeit der Emulsionen aus. Eine Umkehrung wurde erzielt durch $Al_2(SO_4)_3$ in einer Konzentration von 0,003 g/Mol-%, mit $Th(NO_3)_4$ in einer Konzentration von 0,00035 g/Mol-%. und mit HCl in einer Konzentration von 0,004 g/Mol-%.

4. **Harz.** Die Emulsionen, die ursprünglich vom Typus Wasser/Öl und ziemlich beständig waren, enthielten je 20 ccm Öl und wässerige Phase. Umkehrung wurde durch Zusatz von KCl oder K_2SO_4 nicht erzielt. KOH in einer Konzentration von 0,002 g/Mol-%. verursacht Umkehrung, wobei eine beständige Öl/Wasseremulsion entsteht. K_3PO_4 kann ebenfalls die Wasser/Ölemulsion zur Umkehrung bringen.

Elektrolyt		Menge in Gramm/Mol-%	Emulsionsart	Beständigkeit
K_3PO_4	1	0,001	W/O	nicht sehr beständig
	2	0,0035	–	neigt z. Trennung in 2 Schichten
	3	0,004	O/W	beständig
KOH	1	0,001	–	neigt z. Trennung in 2 Schichten
	2	0,0015	O/W	beständig
	3	0,002	O/W	beständig

Bei der Besprechung seiner Befunde erwähnt Bhatnagar, daß Lecithin und Eieralbumin zur Bildung von Öl/Wasseremulsionen führen. Zusatz einer kleinen Menge KOH, K_3PO_4 oder Na_2CO_3 zur wässerigen Phase vergrößert die Beständigkeit solcher Emulsionen, während Zusatz genügend großer Säuremengen die Emulsionen in unbeständige Wasser/Ölemulsionen verwandelt. Eine Zone, in der die Emulsionen unbeständig sind, geht der Umkehrung voraus; diese Zone erkennt man in den meisten Fällen deutlich, besonders wenn eine genügende Menge Emulgator anwesend ist.

Bhatnagar stellte zwei empirische Regeln auf, die für seine Ergebnisse Gültigkeit haben: „1. Eine Wasser/Ölemulsion kann durch Elektrolyte mit wirksamen Anionen, wie OH' und PO_4''' in eine Öl/Wasseremulsion verwandelt werden. 2. Eine Öl/Wasseremulsion kann in eine von entgegengesetzter Art verwandelt werden durch Elektrolyte mit wirksamen Kationen, wie H', Al''', Fe''' und Th''''."

Clowes[1]) teilte in ähnlicher Weise die von ihm als „antagonistische Elektrolyte" bezeichneten Elektrolyte in zwei Gruppen ein: „Die erste besteht aus zwei- und dreiwertigen Salzen usw., die ein leichter adsorbierbares Kation besitzen und die Bildung einer Wasser/Ölemulsion verursachen; die zweite besteht aus Alkalien, Salzen mit einwertigen Kationen und mit zwei- und dreiwertigen Anionen, die ein wirksameres

---

[1]) Journ. phys. chem. Bd. 20, S. 449. 1915.

und leichter adsorbierbares Anion besitzen, und die, wie es scheint, die entgegengesetzte Wirkung ausüben, nämlich zur Bildung einer Öl/Wasseremulsion führen".

Bei der Zusammenfassung seiner Untersuchungen gibt Bhatnagar die folgende Tabelle, die die Frage der Umkehrung von Emulsionen behandelt.

Emulgator	Elektrolyte, die die Umkehrung hervorrufen	Emulsionsart	Adsorbierte Ionen. Überschuß von
Na-Oleat	Salze des Ba, Ca, Sr, Fe,	O/W	+ Ionen
	Cr, Al, Cu, Zn, Ni	O/W	+ ,,
Ruß	KOH, K$_3$PO$_4$	W/O	− ,,
Casein	Salze des Al, Fe, Th, H	O/W	+ ,,
Albumin	−	−	+ ,,
Zn(OH)$_2$ in neutraler Lösung	KOH, K$_3$PO$_4$	W/O	− ,,
Zn(OH)$_2$ in alkal. Lös.	Salze des Al, Th, H	O/W	+ ,,
Al(OH)$_3$	KOH, K$_3$PO$_4$	W/O	− ,,
PbO	KOH	W/O	− ,,
Harz	KOH, K$_4$PO$_4$	W/O	− ,,
Lecithin	Salze des Al, Fe, Th	O/W	+ ,,
einwertige Seifen	2- und 3 wertige Metalle	O/W	+ ,,

VI. Die moderne Adsorptionshäutchentheorie.

Wir haben gesehen, daß Emulsionen von Öl in Wasser oder Wasser in Öl hergestellt werden können durch geeignete Wahl des Emulgators, der unumgänglich notwendig ist, um Emulsionen mit selbst mäßiger Konzentration der dispersen Phase zu erhalten. Solche Emulsionen können auch durch Zusatz geeigneter Elektrolyte in Systeme entgegengesetzter Art umgekehrt werden. Jede allgemeine Theorie der Emulsionen und ihrer Beständigkeit könnte alle obengenannten Tatsachen umfassen und erklären. Die jetzt weitgehend anerkannte Theorie der Emulsionen, die ein adsorbiertes Häutchen oder eine um die dispergierten Kügelchen befindliche Membran fordert, ist aus den früheren Untersuchungen Donnans über die Grenzflächenspannung in Emulsionen abgeleitet worden. (Siehe Kapitel III.) Bancroft[1]) leitete im Jahre 1913 die der modernen Theorie zugrunde liegenden Prinzipien ab. Er erkannte Donnans Oberflächenspannungstheorie an, zeigte aber ihre Grenzen, deren hauptsächlichste darin zu suchen ist, daß Donnan nur die Bedingungen für die Bildung und Beständigkeit von Öl/Wasseremulsionen aufgestellt hat; zwei Arten von Emulsionen wurden nicht

---

[1]) Journ. phys. chem. Bd. 17, S. 514. 1913.

berücksichtigt. Donnans Auffassung, daß das gelatinöse Seifenhäutchen, welches sich bei den Seifenemulsionen um die Ölkügelchen herum befindet, ein Teil der wässerigen Phase ist, sich aber in der Konzentration unterscheidet, wurde durch die Anschauung ersetzt, daß dieses Häutchen eine besondere Phase ist, die die Öl- und Wasserphasen trennt. Die entstehende Emulsionsart hängt ab von den relativen Größen der Oberflächenspannungen zu beiden Seiten dieses Häutchens. Bancroft nimmt an, daß sowohl die wässerige wie die Ölphase das Häutchen benetzen und von ihm adsorbiert werden, so daß im allgemeinen ein Unterschied in den Oberflächenspannungen zu beiden Seiten besteht. Infolge dieses Unterschiedes wird sich das Häutchen biegen, wobei die Seite mit der höheren Oberflächenspannung konkav wird und daher das Bestreben hat, die Flüssigkeit auf jener Seite zu umhüllen. So wird theoretisch eine Flüssigkeit A in Form von Tröpfchen in einer Flüssigkeit B dispergiert, wenn die Grenzflächenspannung zwischen B und dem Häutchen kleiner ist als die Grenzflächenspannung zwischen A und dem Häutchen.

Die entstehende Emulsionsart hängt von der Beschaffenheit des Emulgators ab. Die Festigkeit und die Beständigkeit des gebildeten Häutchens sind bestimmende Faktoren für die Beständigkeit der Emulsionen. Als eine Folgerung hieraus stellte Bancroft den Satz auf, daß „ein hydrophiles Kolloid dazu neigen wird, das Wasser zur geschlossenen Phase zu machen, während ein hydrophobes Kolloid dazu neigen wird, das Wasser zur dispersen Phase zu machen".

In einer späteren Arbeit erweiterte Bancroft[1]) seine Theorie dahin, daß eine Substanz, die als Emulgator wirken soll, an der die beiden Flüssigkeiten trennenden Grenzfläche adsorbiert werden und dort ein zusammenhängendes Häutchen bilden muß. Würde sie nicht an der Grenzfläche flüssig-flüssig adsorbiert werden, so würde sie nicht imstande sein, ein Häutchen zu bilden, das die Kügelchen der einen Flüssigkeit umhüllt.

Dehnt man die Theorie auf fein verteilte Körper als Emulgatoren aus, so führen die Untersuchungen von Des Coudres und Hofmann zu dem Schluß, daß ein fester Körper, um in der wässerigen Phase zu bleiben, nur von Wasser benetzbar sein darf; um in der nichtwässerigen Flüssigkeit zu bleiben, darf es nur von jener Flüssigkeit benetzbar sein. Es wird in der Grenzfläche zwischen den beiden Flüssigkeiten bleiben, wenn es von beiden teilweise benetzt wird. Bancroft[2]) zieht folgende Erklärung vor: „Werden feste Teilchen mit Wasser und einer nichtmischbaren organischen Flüssigkeit geschüttelt, so haben die Teilchen

---

[1]) Journ. phys. chem. Bd. 19, S. 275. 1915.
[2]) Journ. phys. chem. Bd. 19, S. 287 u. 308. 1915.

das Bestreben, in die wässerige Phase zu gehen, wenn sie Wasser praktisch unter Ausschluß der anderen Flüssigkeit adsorbieren; sie haben das Bestreben, in die andere flüssige Phase zu gehen, wenn sie die organische Flüssigkeit praktisch unter Ausschluß des Wassers adsorbieren; und sie haben das Bestreben, in die Grenzfläche flüssig-flüssig zu gehen, wenn sie die beiden Flüssigkeiten gleichzeitig adsorbieren."

Clowes[1]) hat Bancrofts Anschauungen einer experimentellen Prüfung unterzogen und wichtige Arbeiten über die Umkehrung von Emulsionen veröffentlicht, die eine verhältnismäßig bestimmte Formulierung der Theorie der Emulsionsart und Emulsionsbeständigkeit ermöglichen. Von Anfang an wies er darauf hin, daß die Bildung einer auch nur vorübergehenden Emulsion mit nur etwas höher konzentrierter disperser Phase, wie es scheint, von der Anwesenheit einer dritten Substanz im System abhängt, die an der Grenzfläche flüssig-flüssig adsorbiert und eine Schutzhülle um die dispergierten Kügelchen, seien sie Öl oder Wasser, bilden kann[2]). Die dispergierenden und stabilisierenden Eigenschaften dieser Hülle mögen in verschiedenem Maße zurückzuführen sein auf 1. die Erniedrigung der Grenzflächenspannung zwischen den beiden Phasen, die bestrebt ist, dem Zusammenfließen der Kügelchen entgegenzuwirken; 2. die Übertragung einer elektrischen Ladung auf die disperse Phase, da elektrische Abstoßung einem Zusammenfließen entgegenwirkt; 3. eine mechanische Wirkung, die dazu beiträgt, die Teilchen auseinanderzuhalten. Solche Hüllen sind von Clowes und anderen Untersuchern[3]) optisch sichtbar gemacht worden. Clowes gab Bancrofts Theorie über die Bildung dieser Hülle und über die erzeugte Emulsionsart eine andere Fassung. Für das System Öl und Seifenlösung gilt: „Die Seifen sind bestrebt, sich an der Grenzfläche Öl/Wasser anzureichern und ein zusammenhängendes Häutchen zu bilden. Da Seifen mit einwertigen Kationen leicht in Wasser, aber nicht in Öl dispergierbar sind, bilden sie ein Häutchen oder ein Diaphragma, das leichter durch Wasser als durch Öl benetzbar ist; folglich ist die Oberflächenspannung auf der Wasserseite niedriger als auf der Ölseite. Da die innere Fläche eines Häutchens, das eine Kugel umhüllt, kleiner ist als die äußere Fläche,

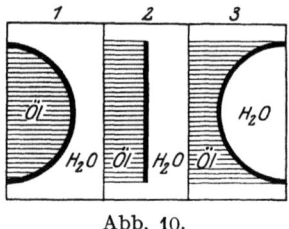

Abb. 10.

---
[1]) Journ. phys. chem. Bd. 20, S. 407. 1916.
[2]) Siehe Holmes u. Cameron: Journ. of the Americ. chem. soc. Bd. 44, S. 70. 1922.
[3]) Ramsden: Proc. of the roy. soc. of London Bd. 72, S. 156. 1903; Briggs u. Schmidt: Journ. phys. chem. Bd. 19, S. 496. 1915; Holmes u. Cameron: Journ. of the Americ. chem. soc. Bd. 44, S. 66. 1922; Clark u. Mann: Journ. of biol. chem. Bd. 52, S. 157. 1922.

so ist das Häutchen bestrebt, sich so zu biegen, daß es in Wasser befindliche Ölkügelchen umhüllt; hierdurch wird die Fläche der Seite mit höherer Oberflächenspannung im Vergleich mit der mit niedrigerer Oberflächenspannung auf ein Minimum reduziert. Andererseits wird ein Häutchen aus Seifen mit zwei- und dreiwertigen Kationen, das weitgehend in Öl, aber nicht in Wasser dispergierbar ist, leichter vom Öl als vom Wasser benetzt. Die Oberflächenspannung ist auf der Ölseite niedriger als auf der Wasserseite, und das Häutchen ist bestrebt, sich so zu biegen, daß es die in einer äußeren oder geschlossenen Ölphase befindlichen Wasserkügelchen umhüllt." In Abb. 10 sind diese Verhältnisse von Clowes schematisch wiedergegeben.

Sind antagonistische Emulgatoren im System in einer solchen Menge vorhanden, daß ihre Wirkungen sich gegenseitig aufheben, so biegt sich das Häutchen nach keiner Richtung, so daß, wenn die Bewegung aufhört, die beiden Phasen sich unter dem Einfluß der Schwere leicht zu Boden setzen. Es ist, mit anderen Worten, die Oberflächenspannung auf beiden Seiten des Häutchens gleich.

Wie wir schon sahen, untersuchte Clowes die antagonistische Wirkung von $CaCl_2$ und NaOH auf Olivenölemulsionen. Er fand, daß Mg-, Sr-, Ba-, Fe-, Al-Salze usw. sich ähnlich wie Ca-Salze verhalten, während man KOH, LiOH usw. an Stelle von NaOH anwenden kann. Die Wirkungen des NaCl sind sehr interessant, da es in kleinen Mengen die Bildung von Öl/Wasseremulsionen begünstigt. Ähnliche Wirkungen sind an anderen Emulsionen von Clayton[1]), Ayres[2]) und Herschel[3]) beobachtet worden, Briggs[4]) jedoch findet keinen Beweis für die emulsionsbildenden Eigenschaften des NaCl mit Benzol. Seine Ergebnisse werden durch die Untersuchungen von Harkins und Humphery[5]) gestützt, die fanden, daß NaCl die Grenzflächenspannung zwischen Wasser und Benzol erhöht. Clowes nimmt an, daß NaCl die Emulgierung von Olivenöl in verdünnten Seifenlösungen unterstützt, infolge einer stärkeren Adsorption von Cl'-Ionen als von Na-Ionen durch die Seifenteilchen oder infolge einer vermehrten Adsorption von im System schon vorhandenen OH'-Ionen. Zur weiteren Stützung dieser Auffassung kann man zeigen, daß Öl/Wasseremulsionen, zu denen genügend NaOH zugefügt wurde, um sie gegen Phenolphthalein stark rötlich zu machen, durch Zusatz mäßiger Mengen NaCl entfärbt werden können. Man fand ferner, daß bei Zugabe von NaCl zu Emulsionen von Olivenöl in verdünnter NaOH und Hinzufügen von HCl

---
[1]) Margarine (Longmans, 1920), S. 72.
[2]) Chem. met. eng. Bd. 22, S. 1061. 1920.
[3]) U. S. bur. standards, tech. papers Nr. 86, S. 17. 1917.
[4]) Journ. of industr. a. engineer. chem. Bd. 13, S. 1009. 1921.
[5]) Journ. of the Americ. chem. soc. Bd. 38, S. 242. 1916.

bis zur Erreichung einer bestimmten Vergleichsfarbe (unter Verwendung von Phenolphthalein als Indicator) die erforderliche HCl-Menge in einem angenähert logarithmischen Verhältnis zur zugefügten NaCl-Menge stand. (Siehe die logarithmierte Adsorptionsisotherme S. 52.) Die größte Menge wird benötigt für die Kontrollemulsion ohne NaCl, die geringste für diejenige Emulsion, die NaCl in 0,1 molarer Konzentration enthält. Dieselben Versuche, ohne Öl, ergaben ähnliche Ergebnisse, was darauf hinweist, daß die Wirkung auf die Seifenteilchen selbst ausgeübt wird. Der allgemeine Schluß ist mithin, daß „die Zugabe von NaCl zum Emulsionssystem bis zu einer Konzentration von 0,1 m die Adsorption negativer Ionen an die Seifenteilchen und infolgedessen die Verteilung von Seife in Wasser begünstigt, wodurch die Bildung von Emulsionen von in Wasser dispergiertem Öl erleichtert wird."

Bei höheren NaCl-Konzentrationen (0,35—0,4 m) wird die stabilisierende Seifenhülle gefällt, und die Emulsion entmischt sich. (Siehe S. 112.)

Clowes bestimmte die Tropfenzahl von NaOH- und $Ca(OH)_2$-Lösungen (siehe S. 85). beim Einfließen in Olivenöl, um die Wirkungen der Ionen auf die Seifenhäutchen an den Grenzflächen zu studieren. Die folgende Tabelle gibt die Anzahl Tropfen an, die man bei verschieden starken NaOH- und $Ca(OH)_2$- Lösungen erhält:

NaOH	Tropfenzahl	$Ca(OH)_2$	Tropfenzahl
0,0005 N	22	0,01 N	30
0,0006 ,,	26	0,02 ,,	29
0,0008 ,,	33	0,03 ,,	47
0,001 ,,	39	0,032 ,,	53
0,0012 ,,	50	0,036 ,,	73
0,0014 ,,	79	0,04 ,,	Strömung
0,0016 ,,	ungef. 120	—	—
0,002 ,,	Strömung		

Die Befunde (unter Ausschluß der unzuverlässigen oberen und unteren Werte) weisen darauf hin, daß ein angenähert logarithmisches Verhältnis zwischen Alkalikonzentrationen und Tropfenzahl besteht, eine Stütze für die Auffassung, daß Adsorptions- und Oberflächenhäutchenphänomene hier mit hineinspielen.

Zunahme der Tropfenzahl des NaOH in Öl bedeutet stärkere Erniedrigung der Grenzflächenspannung und größere Dispergierung des Öls; die relative Permeabilität des Systems ist mit anderen Worten für Wasser größer geworden. Wenn die Tropfenzahl so groß geworden ist, daß die Alkalilösung durch das Öl hindurchströmt, dann ist das System für Wasser gut durchlässig, das heißt es kann eine Emulsion von Öl in Wasser leicht hergestellt werden. Ähnliche Verhältnisse liegen vor, wenn bei Zugabe eines Calciumsalzes zu dem System Öl-Wasser-Natronlauge die Tropfenzahl fortschreitend abnimmt. Dann nimmt nämlich die Permeabilität des Systems für Wasser ab, bis bei Erreichung des Umkehrungspunktes das System für Öl gut durchlässig ist.

Clowes bezeichnet Substanzen wie NaOH, NaCl usw., die die Dispergierung des Häutchens in Wasser und die Permeabilität des Systems für Wasser vergrößern, als „vernichtende" Substanzen; $CaCl_2$ und andere Substanzen, die Wasser/Ölemulsionen begünstigen, nennt er „schützende", da sie die Dispergierung des Häutchens in Wasser vermindern. Osterhout, der unabhängig hiervon zu einem ähnlichen Schluß wie Clowes kam, fand, daß die Elektrolyte in zwei antagonistische Gruppen eingeteilt werden können, je nach ihrer Fähigkeit, die Permeabilität der Protoplasmamembranen gewisser biologischer Systems zu erhöhen oder zu erniedrigen.

Bhatnagar[1]) hat die Adsorptionshäutchentheorie in eine noch bestimmtere Form gebracht als Clowes. Er teilt die Elektrolyte ebenfalls in die von Clowes erwähnten Hauptgruppen, legt aber mehr Gewicht als die bisherigen Untersucher auf die Benetzung des adsorbierten Häutchens.

Pickering machte zuerst darauf aufmerksam, daß die entstehende Emulsionsart bei Anwendung eines gegebenen Emulgators in der Hauptsache davon abhängt, ob der Emulgator besser von Öl oder von Wasser benetzt wird. Bancroft äußerte später die Ansicht, daß die Emulsionsart beeinflußt werde durch die relativen Löslichkeiten des Emulgators in Öl und Wasser. Wie Bhatnagar betont, „führt dies gewisse Komplikationen in unsere Auffassungen über die Grenzflächenspannung ein, und es ist keineswegs leicht zu verstehen, daß zwei Grenzflächenspannungen an einem Häutchen bestehen, das gemäß dem Gibbs-Thomsonschen Gesetze durch Anreicherung der gelösten Substanz an der Grenzfläche gebildet wird, um so weniger, wenn angenommen wird, daß das Häutchen für mindestens eine der beiden Phasen gut durchlässig ist". Weiterhin sind gewisse mehrwertige Seifen beinahe ebenso unlöslich in Mineralölen und Benzol wie in Wasser, und gewisse einwertige Seifen sind sowohl in Wasser wie in Öl löslich. Ferner sind gewisse Substanzen entweder in Öl oder in Wasser löslich, sie erniedrigen hierbei die Oberflächenspannung, und dennoch haben sie nicht die Bildung von Emulsionen zur Folge.

Verschiedene Forscher[2]) haben darauf hingewiesen, daß der Emulgator von kolloider Beschaffenheit sein muß. So sind Gelatine, Casein,

---

[1]) Journ. of the chem. soc. (London), Bd. 120, S. 1765. 1921.
[2]) Siehe Clayton: Journ. of the soc. chem. ind. Bd. 38, S. 113. 1919; Briggs: Journ. of industr. a. engineer. chem. Bd. 13, S. 1008 1921.

Albumin, Stärkearten usw. echte Kolloide. Die Seifen geben auch kolloide Systeme, und es ist sehr interessant, daß die Natriumsalze der niedrigen Fettsäuren keine Emulgatoren sind — Laurinsäure ist die erste Säure in der Reihe, die wirksam ist — und daß solche Salze keine kolloide Lösungen geben, während die Na'-Salze der Laurinsäure und von da an aufwärts kolloide Lösungen bilden[1]). Ferner stellte sich bei Pickerings Untersuchungen bald heraus, daß, je feiner verteilt die angewandten festen Körper sind, desto vollkommener die Emulsion. Je feiner die Teilchen aber werden, desto mehr nähern sie sich echten kolloiden Suspensionen. Der kolloide Emulgator wird an der Grenzfläche flüssig-flüssig adsorbiert unter Bildung eines Häutchens. Die Umkehrung der Emulsionen durch Elektrolyte wird abhängig sein von der Adsorption von Ionen durch dieses Häutchen. Werden vorwiegend positive Ionen von diesem Häutchen adsorbiert, so kommt es zur Bildung von Wasser/Ölemulsionen; werden vorwiegend negative Ionen adsorbiert, so entsteht eine Emulsion von entgegengesetzter Art. Diese Regel von Clowes gilt für Emulsionen, die durch lösliche Emulgatoren, wie Seifen, oder durch unlösliche, wie $Zn(OH)_2$, stabilisiert sind.

Nach dieser Theorie gibt es keine Grenzkonzentrationen für Öl in Wasser oder umgekehrt, da die Dispergierung unabhängig ist von den angewandten Volumina. Es wird vielmehr Gewicht auf die Tatsache gelegt, daß die Emulgierung beeinflußt wird 1. durch die Menge des anwesenden Emulgators, 2. durch die Leichtigkeit, mit der dieser Emulgator an der trennenden Grenzfläche adsorbiert wird, 3. durch die Beschaffenheit der Ionen, die von dem entstehenden Häutchen adsorbiert werden. Bhatnagar[2]) hat die neueste allgemeine Zusammenfassung über Emulsionssysteme gegeben: „Alle Emulgatoren, die einen Überschuß an negativen Ionen haben und die von Wasser benetzt werden, geben Öl/Wasseremulsionen, während diejenigen, die einen Überschuß an positiven Ionen haben und von Öl benetzt werden, Wasser/Ölemulsionen geben."

Er betont, daß die beiden Hauptfaktoren, die die Emulgierung beherrschen, 1. die relative benetzende Fähigkeit der beiden Phasen in bezug auf den Emulgator und 2. die Oberflächenspannung der zwischen den Phasen befindlichen Membran sind. Er nimmt an, daß Phasenumkehr zurückzuführen ist auf Veränderungen dieser Membran in bezug auf den einen dieser Faktoren oder in bezug auf beide.

Man wird vielleicht die Auffassung von Bancroft und Clowes, daß es sich um eine reine Adsorption handele, durch die Anschauung ersetzen müssen, daß es sich um eine capillarelektrische Adsorption

---

[1]) Mayer, Schaeffer u. Terrione: Cpt. rend. Bd. 146, S. 484. 1908.
[2]) Journ. of the chem. soc. (London) Bd. 120, S. 1768. 1921.

handele. Infolge der Adsorption von Ionen kann es zur Ausbildung einer Kontaktpotentialdifferenz an der Grenzfläche kommen, die zu Veränderungen der Grenzflächenspannung führt, abgesehen von jenen Veränderungen, die von der Anreicherung der gelösten Substanz herrühren[1]).

Bhatnagar weist darauf hin, daß, die Benetzungsfähigkeit mit der Grenzflächenspannung zusammenhängt, daß unsere Kenntnisse über die Grenzflächenspannung[2]) zwischen festen Körpern und Flüssigkeiten jedoch sehr gering sind. Aus diesem Grunde ist das oben aufgestellte Gesetz rein empirisch.

Der Verfasser ist der Ansicht, daß bevor man viel weiter in einer allgemeinen Theorie der Emulsionen kommen kann, man sein Augenmerk auf die Benetzung der Emulgatoren durch verschiedene Flüssigkeiten richten muß, und daß der wesentliche physikalische Faktor, der untersucht werden muß, der „Randwinkel" ist. Es ist ferner klar, daß man den Einfluß der adsorbierten Ionen auf das emulgierende Häutchen untersuchen muß, das heißt, es muß auch der Einfluß verschiedener Elektrolyte auf die Randwinkel systematisch untersucht werden.

Die Ausrichtung der Moleküle in dem adsorbierten Häutchen.
Die Grenzflächenspannungen zwischen Wasser und Benzol und ihre Beeinflussung durch Natrium- und Magnesiumoleat sind ziemlich ausführlich von Harkins, Davies und Clark[3]) untersucht worden. Ihre Untersuchung führte sie zu dem Schluß, daß die entstehende Emulsionsart eng verknüpft ist mit der Anzahl der Oleatradikale im Molekül der angewandten Seifen. Die entstehende Emulsionsart hängt ab von der Zusammenpackung und der Richtung des Emulgators (Seife) an der Grenzfläche flüssig-flüssig. Man nimmt ebenfalls an, daß Vorzeichen und Größe des elektromagnetischen Feldes an der Oberfläche der Emulsionskügelchen von der Richtung der Moleküle in der Grenzfläche abhängig sind.

Die zugrundeliegende Auffassung ist, daß die in der Grenzfläche befindlichen adsorbierten Moleküle (zusammen mit den adsorbierten Ionen) der Krümmung des Tropfens angepaßt sein müssen, damit die dispergierten Kügelchen beständig seien. Bei sehr kleinen Tropfen „wird die Lagerung und die Gestalt der Moleküle von äußerster Wichtigkeit sowohl für die Bestimmung der Oberflächenenergie wie der anderen elektromagnetischen Energieverhältnisse sein". Die Bedingung für das Bestehen stabiler Emulsionen ist, daß die Energie der freien Ober-

---

[1]) In diesem Zusammenhange siehe Lewis: Zeitschr. f. physikal. Chem. Bd. 83, S. 129. 1910.
[2]) Siehe Nuttall: Journ. of the soc. chem. ind. Bd. 67. 1920.
[3]) Journ. of the Americ. chem. soc. Bd. 39, S. 586. 1917.

fläche an der Grenzfläche Tropfen/kontinuierliche Phase gleich Null sei. Dies entspricht der Mischbarkeit zweier reiner Flüssigkeiten, deren Grenzflächenspannung sehr gering ist.

Die Theorie der gerichteten Moleküle muß nicht nur eine Erklärung für die Richtung der gelösten Substanzen an der Grenzfläche flüssig-flüssig geben, sie muß auch die Adsorption feinverteilter fester Körper behandeln, da zahlreiche Beispiele bekannt sind, in denen solche festen Körper Emulsionen vom Typus Öl/Wasser oder Wasser/Öl hervorrufen. Auf Grund von Langmuirs[1]) Untersuchungen über die Adsorption einer Flüssigkeit durch einen festen Körper erscheint es wahrscheinlich, daß die Flüssigkeitsmoleküle gerichtet sind; sie drängen sich in der Oberflächenschicht eines festen Körpers ähnlich zusammen wie Öl-häutchen auf Wasser. Langmuir verlangt, daß „im allgemeinen die Zahl der adsorbierten Moleküle bestrebt sein wird, in einer einfachen integralen Beziehung zu der in der Oberfläche des festen Körpers sich frei befindlichen Atome zu stehen. Die Konfiguration der adsorbierten Moleküle im allgemeinen ist von großem Einfluß für die Bestimmung der Anzahl Moleküle, die in der Einheit der Oberfläche adsorbiert werden können."

Die Erweiterung dieser Theorie auf feste Emulgatoren besagt, daß die Emulsionsart, die bei der Emulgierung zweier nicht mischbarer Flüssigkeiten und eines feinverteilten festen Körpers entsteht, abhängig ist von der Richtung der Moleküle der Flüssigkeiten an der Grenzfläche fest-flüssig. Dies steht natürlich in direkter Beziehung zu dem Wesen der intermolekularen Anziehung zwischen den festen Körpern und den Flüssigkeiten. Solche Anziehung erkennen wir bei der Peptisation und in geringerem Grade vielleicht bei der Benetzung. Es spielt hier die Frage der bevorzugten Benetzung des festen Körpers hinein, die uns wiederum zu dem Schluß führt, daß der wesentliche Faktor für die jeweilige Flüssigkeit — sie bilde die dispergierte oder geschlossene Phase — der Winkel zwischen der Grenzfläche flüssig-flüssig und der Grenzfläche fest-flüssig ist.

VII. Physikalische Messungen an Emulsionen.

Bei wissenschaftlichen Untersuchungen über Emulsionen handelt es sich häufig um die Bestimmung von Grenzflächenspannungen, um die Beschaffenheit der inneren und äußeren Phase und um die Konzentration der Emulsion.

---

[1]) Journ. of the Americ. chem. soc. Bd. 39, S. 1901. 1917.

Die Messung der Grenzflächenspannung. Unter Grenzflächenspannung versteht man die Spannung an der Trennungsfläche flüssig-flüssig oder fest-flüssig; der Ausdruck Oberflächenspannung[1]) wird nur für die Oberfläche flüssig-gasförmig gebraucht. Obwohl die Messung der Oberflächenspannung in der physikalischen Chemie von großer Bedeutung ist, beschäftigt sie uns nicht so sehr beim Studium der Emulsionen. Zwei Flüssigkeiten, z. B. Terpentin und Mineralöl, können die gleiche Oberflächenspannung haben[2]), ihre Grenzflächenspannungen gegenüber Wasser können aber sehr verschieden sein. So ist die Oberflächenspannung von Terpentin und Mineralöl bei 20° C zu 31,5 dyn/cm angegeben worden, während ihre respektiven Grenzflächenspannungen gegenüber Wasser bei 20° C 115 und 79 dyn/cm betragen[3]). Nach Langmuirs[4]) Anschauungen über die Richtung der Moleküle können einander ähnliche Flüssigkeiten, wie z. B. vegetabilische Öle, dieselbe Oberflächenspannung gegenüber Luft haben, da in ihren Oberflächenschichten ähnliche Gruppen oder Teile der Moleküle ähnlich gerichtet sein können. In Berührung mit einer gegebenen Flüssigkeit können jedoch ganz verschiedene molekulare Gruppierungen an den Trennungsflächen auftreten, das heißt die Grenzflächenspannungen werden verschieden sein. Da Emulsionen aus einer Flüssigkeit, die in einer anderen Flüssigkeit dispergiert ist, bestehen, so ist die Spannung flüssig-flüssig naturgemäß sehr wichtig.

So gut wie alle Messungen der Grenzflächenspannung sind bei Untersuchungen über Emulsionen mit einer Modifikation der bekannten Tropfengewichtsmethode[5]) ausgeführt worden, die zur Bestimmung der Oberflächenspannung von Flüssigkeiten gegen Luft benutzt wird.

Hängt ein Flüssigkeitstropfen an einer Capillaren, die in eine zweite Flüssigkeit eintaucht, so besteht ein Gleichgewicht zwischen dem Gewicht des Tropfens und den Oberflächenkräften, die den Tropfen halten. Ist r der Radius der Capillaren, d die Dichte der tropfenden Flüssigkeit, d' die Dichte der zweiten Flüssigkeit, m das Gewicht des Tropfens und g die Gravitationskonstante, dann wird die Oberflächenspannung σ ausgedrückt durch das Verhältnis:

$$\sigma = \frac{m \cdot g}{\pi \cdot r} \cdot \left(\frac{d - d'}{d}\right).$$

---

[1]) Erörterungen über den Ursprung der Oberflächenspannung mögen in den Standardwerken über Physik und physikalische Chemie nachgelesen werden.
[2]) Gardner u. Holdt: U. S. Paint manuf. assoc. Circ. 124, S. 1 (Mai 1921).
[3]) Dieselben, l. c.
[4]) Journ. of the Americ. chem. soc. Bd. 39, S. 1848. 1917.
[5]) Harkins u. Humphery: Journ. of the Americ. chem. soc. Bd. 38, S. 236. 1916.

Tropft ein Flüssigkeitsvolumen V gleichförmig aus der Capillaren in die zweite Flüssigkeit, wobei die Gesamttropfenzahl gleich N ist, so folgt, daß $\sigma \backsim \dfrac{V}{N}$ ist, das heißt die Grenzflächenspannung ist umgekehrt proportional der Tropfenzahl. Bei zwei verschiedenen Flüssigkeiten, z. B. einem vegetabilischen und einem Mineralöl, werden die relativen Grenzflächenspannungen gegenüber einer dritten Flüssigkeit, z. B. Wasser, umgekehrt proportional den erhaltenen Tropfenzahlen sein[1]).

Die Methode wird nur für vergleichende Untersuchungen angewandt und ist sogar dafür nicht einwandfrei[2]). Um absolute Spannungen zu bestimmen, muß man verschiedene Korrekturen anbringen, da die Formel durch Anwendung einer statischen Theorie auf ein dynamisches Phänomen[3]) abgeleitet worden ist. Das Abreißen eines Flüssigkeitstropfens ist ein komplexer Vorgang, und sehr verschiedene Einflüsse können bei der Untersuchung verschiedener Flüssigkeitspaare mit hineinspielen. Eine wirklich befriedigende Methode zur Bestimmung der Grenzflächenspannung an der Grenzfläche flüssig-flüssig ist für zukünftiges quantitatives Arbeiten an Kolloiden, besonders an Emulsionen, dringend erforderlich. Es sind verschiedene Methoden von Ferguson[4]) vorgeschlagen worden; ihre Anwendbarkeit auf Emulsionen ist aber bisher noch nicht eingehend untersucht worden.

Da die Grenzflächenspannung der Tropfenzahl umgekehrt proportional ist, so folgt, daß eine Abnahme dieser Spannung sich in einer Zunahme der Tropfenzahl äußern wird. Mit anderen Worten: eine geringere Spannung trägt ein geringeres Gewicht, ein gegebenes Flüssigkeitsvolumen gibt daher mehr Tropfen. Es ist jetzt klar, daß, wenn eine Flüssigkeit A in Gestalt von Tropfen durch eine Flüssigkeit B fließt, und die Möglichkeit vorhanden ist, die Grenzflächenspannung zu erniedrigen, die Flüssigkeit A eine größere Anzahl Tropfen geben wird; dies entspricht einer größeren Dispergierbarkeit in der Flüssigkeit B. Es nimmt mit anderen Worten die Neigung, von A in B emulgiert zu werden, in dem Maße zu, wie die Grenzflächenspannung abnimmt. In diesem Zusammenhang liefert die Tropfenzahl brauchbare Anhaltspunkte über die emulgierenden Fähigkeiten von Flüssigkeiten, obwohl nochmals betont werden muß, daß in vielen Fällen die Ergebnisse nur angenäherte Vergleichswerte sein werden.

---

[1]) Siehe Lewis: Philosoph. mag. Bd. 15, S. 508. 1908; Bd. 16, S. 464. 1909.
[2]) Siehe Ferguson: Manchester Memoirs Bd. 55 (4), S. 14. 1921.
[3]) Siehe Lunn: Journ. of the Americ. chem. soc. Bd. 41, S. 620. 1919.
[4]) Siehe Ferguson: Manchester Memoirs Bd. 55 (4), S. 14f. 1921; auch Transact. of the farad. soc. Bd. 17, S. 383. 1922.

Donnan[1]) und seine Schüler bestimmten die Anzahl Tropfen, die verschiedene Öle gegen Wasser oder wässerige Lösungen gaben. Sie benutzten eine Pipette mit aufwärtsgekrümmter Spitze, so daß die leichtere Flüssigkeit in Form von Tropfen in dem dichteren Medium aufstieg. Die Tropfpipette (siehe Abb. 11) besteht im wesentlichen aus einer Pipette mit einer birnenförmigen Erweiterung, deren Inhalt zwischen zwei Marken E und E' je nach der zu untersuchenden Flüssigkeit zwischen 5—40 ccm beträgt. Die Strecke EF ist gewöhnlich 8 cm lang. Sollen die relativen Spannungen von z. B. Öl gegen Seifenlösungen bestimmt werden, so wird die Pipette bis zur Marke E gefüllt durch Ansaugen durch einen seitlichen Ansatz, dessen Hahn dann geschlossen wird. Die Pipette wird bei F vorsichtig abgewischt und dann in die betreffende Seifenlösung eingetaucht, die sich in einem Glaszylinder im Thermostaten bei konstanter Temperatur befindet. Das Niveau der Lösung über der Spitze der Pipette wird bei allen Versuchen einer Reihe konstant gehalten. Nachdem Öl und Lösung dieselbe Temperatur wie der Thermostat haben, wird der Haupthahn geöffnet und Luft durch eine feine Capillare, die mit Siegellack an die Pipette befestigt ist, sehr langsam eingelassen. Die Öltropfen sollen sich sehr langsam bilden — etwa alle 12 Sekunden 1 Tropfen — und durch die Lösung aufsteigen, wobei sie sorgfältig gezählt werden.

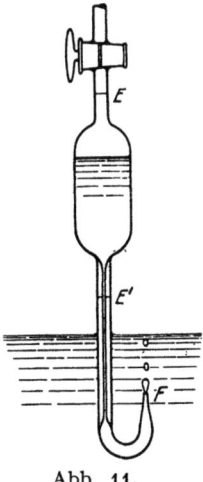

Abb. 11.

Die Tropfpipette ist von zahlreichen Untersuchern, die an Emulsionen arbeiteten, benutzt worden, insbesondere von Donnan[2]), Lewis[3]), Shorter und Ellingworth[4]), Clowes[5]), Briggs und Schmidt[6]), Clayton[7]), Holmes und Child[8]), Gardner und Holdt[9]) und Bhatnagar und Garner[10])

Beim Aufstieg von Öltropfen in einer Seifenlösung findet eine Adsorption von Seife an der Grenzfläche Öl/Lösung statt, und infolge-

---

[1]) Zeitschr. f. physikal. Chem. Bd. 31, S. 42. 1899; Brit. med. journ. 23. XII. 1905; Engineering Bd. 99, S. 551. 1915.
[2]) Zeitschr. f. physikal. Chem. Bd. 31, S. 42. 1899.
[3]) Philosoph. mag. Bd. 15, S. 499. 1908.
[4]) Proc. of the roy. soc. of London (A) Bd. 92, S. 231. 1916.
[5]) Journ. phys. chem. Bd. 20 S. 426. 1916.
[6]) Journ. phys. chem. Bd. 19, S. 496. 1915.
[7]) Transact. of the farad. soc. Bd. 16, Appendix, S. 22. 1921.
[8]) Journ. of the Americ. chem. soc. Bd. 42, S. 2052. 1920.
[9]) Paint manuf. assoc. (U. S. A.), Circ. 124. 1921.
[10]) Journ. of the soc. chem. ind. Bd. 39, S. 185. 1920.

dessen ist die Grenzflächenspannung in diesem Falle niedriger als bei Öl/reines Wasser. Verwendet man an Stelle von Seifenlösungen andere kolloide Lösungen, wie z. B. Gelatine, Gummiarten, Proteine usw., so findet eine ähnliche Adsorption des Kolloids statt. Diese Adsorption und die sich daraus ergebende Bildung eines Oberflächenhäutchens oder einer Hülle[1]) bildet eine Grenze für die allgemeine Anwendung dieser Methode. Clowes[2]) ist zwar der Meinung, daß „die Tropfenmethode ein exaktes Mittel an die Hand gibt, um die Wirkung, die gegebene Substanzen auf das kolloidale Gleichgewicht des Grenzflächenhäutchens ausüben, genau zu bestimmen". Diese Behauptung bedarf aber der Einschränkung. In gewissen Fällen gestattet die Elastizität und Stärke der Hüllen, die die aufsteigenden Tropfen umgeben, den Tropfen, sich auszudehnen und ihre Gestalt zu verändern, und sie können nur mit Mühe von der Pipette abgerissen werden. Briggs und Schmidt haben solche Störungen beobachtet bei der Bestimmung der Tropfenzahl von Benzol in wässerigen Lösungen von Gelatine und Gummi arabicum. Ihre Erfahrungen führten sie zu der Anschauung, daß „Tropfenzahlen nicht eine geeignete und ausreichende Methode zur Untersuchung eines aufgelösten Emulgators sind". In solchen Fällen geben Tropfenzahlbestimmungen kein genaues Maß für die Fähigkeit der Lösung, ein Öl oder eine andere disperse Phase zu emulgieren.

Die Tropfenmethode gibt brauchbare Vergleichswerte in Fällen, in denen die erhaltenen Befunde reproduziert und bestätigt werden können. So konnte Clayton[3]) seine Befunde bis zu einem halben Tropfen reproduzieren. Seine Untersuchungen erstreckten sich jedoch hauptsächlich auf die Tropfenzahlen von reinen Genußölen- und -fetten in destilliertem Wasser, wo die störende Häutchenbildung ein Minimum betrug. Andererseits erhielten Briggs und Schmidt bei der Bestimmung der Tropfenzahl von Benzol in 1proz. Gelatinelösung Werte, die sich von 23—32 erstreckten; ein offensichtlich unbefriedigendes Ergebnis.

Die Tropfenmethode hat insofern Interesse, als sie zu unseren jetzigen Kenntnissen über Emulgierung und Emulsionen beigetragen hat. Sie wird aber zweifellos bei künftigen Arbeiten durch eine genauere Methode ersetzt werden, die nicht durch die Eigenschaften des adsorbierten Grenzflächenhäutchens beeinflußt wird.

Die Phasenbestimmung. Arbeitet man mit Emulsionen, so muß man häufig bestimmen, welche der beiden flüssigen Phasen die kontinuierliche und welche die disperse Phase ist. Da bei Anwendung von Öl und Wasser zwei Emulsionstypen entstehen können, Öl/Wasser und Wasser/Öl, so ist eine schnelle und genaue Methode zur Unterscheidung

---

[1]) Siehe Harkins: Journ. of the Americ. chem. soc. Bd. 39, S. 590. 1917.
[2]) l. c.
[3]) Transact. of the farad. soc. Bd. 16, Appendix, S. 22. 1921.

zwischen diesen beiden Typen sehr erwünscht. Dies ist besonders der Fall bei Untersuchungen über Phasenumkehr. Drei Methoden sind vorgeschlagen worden:

1. **Die Indicatorenmethode.** Robertson[1]) schlug die Anwendung von Sudan III, eines öllöslichen, wasserunlöslichen Farbstoffes, vor. Dieser rote Farbstoff, der ein feinverteilter fester Körper ist, wird auf die Oberfläche der zu untersuchenden Emulsion gestreut. Ist die Ölphase zusammenhängend, so wird sich der Farbstoff infolge seiner Auflösung im Öl in dem ganzen System ausbreiten. Ist jedoch Wasser oder eine wässerige Lösung die geschlossene Phase, so wird sich der Farbstoff nicht ausbreiten, da er auf jene Ölkügelchen beschränkt bleibt, mit denen er in unmittelbare Berührung kommt. Diese Methode leistet gute Dienste bei festen Emulsionen, wie Butter und Margarine, die man unter dem Mikroskop untersuchen will. So benutzte Palmer[2]) Lösungen von Sudan III in Aceton und Fuchsin, um die Butterfettkügelchen im Rahm zu färben und konnte so die Phasenumkehr beim Buttern nachweisen. Man kann für Emulsionen im allgemeinen Einwände erheben gegen die Anwendung von zugesetzten organischen Substanzen, die einen neuen Einfluß auf das System ausüben könnten[3]).

Newman[4]) wandte diese Methode bei Emulsionen von Benzol und Wasser an. Er benutzte Jod, das im Benzol, und Methylorange, das in der wässerigen Phase löslich ist. Hall[5]) bediente sich der Emulgatorenmethode bei Emulsionen von Wasser in verschiedenen Flüssigkeiten, wobei er den wasserlöslichen Farbstoff Nilblau und die öllöslichen Farbstoffe Scharlachrot (Grübler) und Dimethylamidoazobenzol (Merck) anwandte.

2. **Die Tropfenverdünnungsmethode.** Das Prinzip der Methode beruht darauf, daß eine Emulsion durch Zusatz der äußeren oder geschlossenen Phase, nicht aber durch Zusatz der dispersen Phase verdünnt werden kann. Pickering[6]) erkannte als erster dieses Prinzip, indem er darauf hinwies, daß eine Emulsion, die 99 Volumprozent Mineralöl in 1 Volumprozent Seifenlösung enthielt, „sich mit Wasser vollständig mischt, unter Bildung einer schwächeren Emulsion, daß sie sich aber nicht mit mehr Paraffin mischt".

Briggs[7]) schlug vor, die Phasenverhältnisse in einer Emulsion dadurch zu bestimmen, daß man einen Tropfen der Emulsion in etwas

---

[1]) Kolloid-Zeitschr. Bd. 7, S. 7. 1910.
[2]) Missouri agr. expt. sta., Bull. 163, S. 40. 1919.
[3]) Siehe Clowes: Journ. phys. chem. Bd. 20, S. 445. 1916.
[4]) Journ. phys. chem. Bd. 18, S. 34. 1914.
[5]) Journ. phys. chem. Bd. 21, S. 616. 1917.
[6]) Journ. of the chem. soc. (London) Bd. 91, S. 2002. 1907.
[7]) Journ. phys. chem. Bd. 18, S. 34. 1914.

Wasser bringt und umrührt. Breiten sich die emulgierten Teilchen im Wasser aus, dann ist Wasser die äußere Phase; breiten sie sich nicht aus, dann ist Wasser die innere Phase[1]).

Newman[2]) fand diese Methode viel zuverlässiger als die Indicatorenmethode. Hall[3]) schlug eine Modifikation der Probe für nicht zu undurchsichtige Emulsionen vor. Ein Tropfen einer der Flüssigkeiten wird in die Emulsion nahe an die Glaswand des Gefäßes gebracht. Ist die Flüssigkeit die disperse Phase, „so wird sie deutlich abgegrenzt und bewegt sich aufwärts oder abwärts in der Emulsion". Ist sie die geschlossene Phase, so diffundiert sie rasch in ihre Umgebung hinein, wobei sie eine etwas weniger undurchsichtige Stelle bildet. Bei Emulsionen von Wasser in Kohlenwasserstoffölen, wie sie Hall herstellte, sinkt das Wasser als klarer Tropfen zu Boden, während Öl aufsteigt und diffundiert.

3. Die elektrische Leitfähigkeitsmethode. Diese Methode, die vom Verfasser[4]) vorgeschlagen wurde, beruht auf der Tatsache, daß eine Emulsion vom Typus Öl/Wasser, besonders wenn die wässerige Phase kleine Elektrolytmengen enthält, elektrische Leitfähigkeit zeigt, während Wasser/Ölemulsionen, die sich dadurch auszeichnen, daß sie Öl — einen elektrischen Isolator — als geschlossene Phase enthalten, die Elektrizität nicht leiten. Sherrick[5]) wandte diese Methode bei seinen Untersuchungen über Emulsionen von rohen Mineralölen, die Wasser als innere Phase enthielten, an. Bhatnagar[6]), der die große Brauchbarkeit dieser Methode bestätigt, fand sie sehr empfindlich. Er untersuchte seine Emulsionen in einer Flasche, die mit zwei Platinelektroden, die sich in konstanter Entfernung befanden, versehen war. Die Anlegung einer konstanten Spannung während 1—2 Sekunden rief bei allen Öl/Wasseremulsionen Stromdurchgang (in Milliampere gemessen) hervor. Emulsionen der entgegengesetzten Art gestatten nur sehr schwachen Stromdurchgang; — falls der Strom überhaupt durchging, — von der Größenordnung 0,1 Milliampere gegen 10—13 Milliampere bei Öl/Wasseremulsionen. Der Umkehrungspunkt konnte auf diese Weise leicht festgestellt werden, und Bhatnagar wandte sie in allen seinen Untersuchungen über Emulsionen an.

Nephelometrie. Der Ölgehalt einer Emulsion kann durch Entmischung der Emulsion, z. B. durch Zusatz einer Alaunlösung und nachfolgender Ätherextraktion, geschätzt werden. In gewissen Fällen

---

[1]) Siehe auch Holmes u. Cameron: Journ. of the Americ. chem. soc. Bd. 44, S. 67. 1922.
[2]) Journ. phys. chem. Bd. 18, S. 34. 1914.
[3]) Journ. phys. chem. Bd. 21, S. 617. 1917.
[4]) Brit. assoc. colloid reports Bd. 2, S. 1235. 1920.
[5]) Journ. of industr. a. engineer. chem. Bd. 12, S. 135. 1920.
[6]) Journ. of the chem. soc. (London), Bd. 117, S. 542. 1920.

kann man jedoch die Konzentrationen gegebener Emulsionen vergleichen durch Messung des Trübungsgrades unter genau festgelegten Bedingungen. Verschiedene Apparate, die man Nephelometer, Turbidimeter und Tyndallmeter nennt, sind hierfür vorgeschlagen worden. Die Methode beruht auf der Messung der Helligkeit in einer bestimmten Tiefe der Emulsion; sie wird im rechten Winkel zum Lichtstrahl, der die Emulsion erhellt, betrachtet[1]). Die Intensität des Lichtes, das von den in einer Emulsion suspendierten Teilchen reflektiert wird, ändert sich mit der Zahl und dem mittleren Durchmesser der Kügelchen.

Das allgemeine Prinzip ergibt sich aus der schematisierten Zeichnung (Abb. 12). Sind A und B zwei zylindrische Gefäße, die die Emulsion oder Suspension enthalten, und L ein auf die zylindrischen Gefäße im rechten Winkel projizierter Lichtstrahl, dann ist a und b das durch Reflektion von den suspendierten Teilchen ins Okular gelangende Licht. Enthält A destilliertes Wasser, dann soll bei einem guten Apparat gar kein Licht in a zu sehen sein. Das infolge von Reflektion in a sichtbare Licht wird immer mit b verglichen und nie absolut gemessen. B soll eine Standardemulsion enthalten, das heißt eine, deren Ölkonzentration bekannt ist.

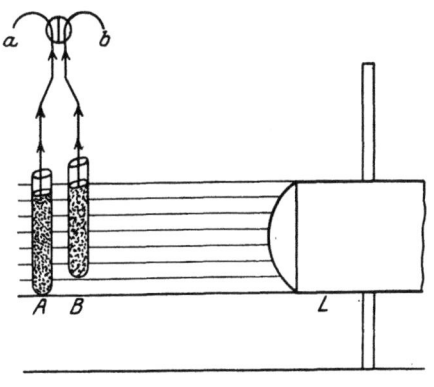

Abb. 12.

Die jetzt benutzten Nephelometer ermöglichen genaue Messungen der Konzentrationen von Suspensionen und Emulsionen. Der Apparat besitzt zwei Röhren, die unten von zwei zylindrischen Schutzschilden aus Metall umgeben sind. Die beiden Flüssigkeiten, die Standardflüssigkeit und die zu untersuchende, werden in die betreffenden zylindrischen Gefäße gebracht und durch eine geeignete Lichtquelle (z. B. eine 250-Watt-Lampe) beleuchtet, die im Brennpunkt eines Kondensators so montiert ist, daß ein Bündel paralleler Strahlen horizontal auf die Zylinder geworfen wird. Alles von außen kommende Licht wird durch Kästen und Schirme abgehalten. Mit Hilfe von Zahn und Trieb werden die zylinderförmigen Schutzschilde in senkrechter Richtung verstellt, bis die beiden zylindrischen Gefäße in den beiden Feldern des Okulars gleich hell erscheinen.

---

[1]) Eine ausgezeichnete Beschreibung des Nephelometers gibt Kober: Journ. of industr. a. engineer. chem. Bd. 10, S. 556. 1918; (siehe auch Kleinmann: Kolloid-Zeitschr. Bd. 27, S. 236. 1920 [Anm. d. Übersetzers]).

Beim Kober - Klett - Nephelometer[1]) benutzt man an Stelle von beweglichen Metallzylindern, die zur Ausschaltung des Lichtes dienen (das heißt um eine geringere Flüssigkeitsschicht dem Licht auszusetzen), Tauchkörper aus Metall, die in den in Trögen befindlichen Flüssigkeiten auf und ab bewegt werden können. Bei der Abwärtsbewegung des Tauchkörpers steigt die Flüssigkeit im Innern des Metalltauchers hoch, so daß die Höhe der den Lichtstrahlen ausgesetzten Flüssigkeitssäule verringert wird. Bei einem neueren Modell[2]) sind die Taucher fest und die Tröge beweglich.

Beim Arbeiten mit dem Nephelometer benutzt man häufig eine Eichkurve anstatt mathematischer Formeln. Um z. B. eine solche Eichkurve für das neuere Modell zu erhalten, füllt man die Tröge mit der Standardemulsion und bringt sie in das Nephelometer. Der linke Trog wird so eingestellt, daß die Skala genau bei 20 steht, der rechte Trog wird dann so eingestellt, daß beide Seiten gleichmäßig beleuchtet werden. Man nimmt hierbei den Mittelwert aus mehreren Bestimmungen. Diese Stellung des rechten Troges wird für die Dauer der Vergleiche mit der Standardemulsion beibehalten.

Der linke Trog wird dann mit einer Verdünnung der Standardemulsion beinahe ganz gefüllt und in den Apparat gesetzt. Es wird dann die Höhe so eingestellt, daß die Helligkeit auf beiden Seiten wieder gleich ist, und der Stand der Skala abgelesen. In dieser Weise wird die Standardemulsion verglichen mit Emulsionen, die $^9/_{10}$, $^8/_{10}$, $^7/_{10}$, $^6/_{10}$ und $^5/_{10}$ an Standardemulsion enthalten. Die Ergebnisse werden in ein Diagramm eingetragen: auf der Ordinate die Skalenablesungen, auf der Abszisse das Verhältnis der Emulsionskonzentrationen. Mit Hilfe eines solchen Diagramms kann man, nach Bestimmung des Skalenstandes (die Ordinate), die Konzentration einer unbekannten Emulsion leicht bestimmen.

Bloor[3]) hat das Nephelometer zur Bestimmung von Fett in Milch angewandt. Als Vergleichslösung diente eine Emulsion von Triolein in Wasser. Er konnte leicht 0,05 mg Fett nachweisen, und sogar 1 Teil in einer Million erzeugte eine deutliche Wolke. Woodman, Gookin und Heath[4]) benutzten eine ähnliche Methode bei ihren Untersuchungen an ätherischen Ölen.

Ellis[5]) bestimmte den mittleren Radius der Kügelchen in verschiedenen Emulsionen mit Hilfe des Nephelometers. Hierzu bestimmte er schätzungsweise die relativen Trübungsgrade verschiedener Proben

---

[1]) Journ. of industr. a. engineer. chem. Bd. 10, S. 556. 1918; siehe auch Kober u. Graves: ibid. Bd. 7, S. 843. 1915.
[2]) Kober: Journ. of biol. chem. Bd. 29, S. 155. 1917.
[3]) Journ. of the Americ. chem. soc. Bd. 36, S. 1300. 1914.
[4]) Journ. of industr. a. engineer. chem. Bd. 8, S. 128. 1916.
[5]) Zeitschr. f. physikal. Chem. Bd. 80, S. 597. 1912.

von Emulsionen von säurefreiem Zylinderöl in Wasser, deren Konzentration etwa 1 : 10 000 betrug. Die Konzentration wurde konstant gehalten, die mittlere Größe der Kügelchen wurde aber variiert. Die Ergebnisse wurden graphisch dargestellt; auf der Abszisse wurden die Radien der Kügelchen, auf der Ordinate die relativen Trübungsgrade eingetragen. Der Trübungsgrad einer Emulsion, deren mittlerer Kügelchenradius 1×10^{-4} cm betrug, diente als Standard.

Die der Nephelometrie zugrunde liegende Theorie, nämlich die Optik trüber Medien, ist sehr kompliziert und zur Zeit noch etwas unklar. Wells[1]) hat kürzlich versucht, einen Ersatz zu geben für den rein empirischen Zusammenhang zwischen Konzentration, Teilchengröße und anderen Eigenschaften von Emulsionen und Suspensionen. Er konnte zeigen, daß viele sekundäre Wirkungen die Erscheinungen der diffusen Reflektion und des durchfallenden Lichtes komplizieren. Die mathematische Behandlung dieser Frage muß in seiner Arbeit nachgelesen werden.

VIII. Die Emulgierung.

Unter Emulgierung versteht man die Verteilung einer gegebenen Flüssigkeit in einem zweiten flüssigen Medium in Form von mehr oder weniger beständigen Kügelchen. Man kann beständige Emulsionen mit niedrigen Ölkonzentrationen erhalten durch Erhitzen von etwas Öl in Wasser während einiger Zeit[2]), durch Auflösen von Öl in einer organischen Flüssigkeit und darauf folgender „Fällung" dieser Lösung in Wasser[2]) oder durch Dampfdestillation (z. B. von Anilin). Um konzentrierte Emulsionen zu erhalten, muß man eine geeignete dritte Substanz hinzufügen.

Die Emulgierung hat große technische Bedeutung, und es sind zahlreiche Maschinen entworfen worden, um eine innige Verteilung der dispersen Phase in der geschlossenen zu erreichen. Das zugrunde liegende Prinzip besteht darin, daß man die beiden Flüssigkeiten in Bewegung versetzt entweder durch sich drehende Schläger oder durch besonders konstruierte Rührer, z. B. Schraubenpropeller, Schraubenzieher, Injektoren usw. Die Gefäße sind gewöhnlich doppelwandig, um Temperaturregelung nach Bedarf durch strömenden Dampf oder fließendes heißes oder kaltes Wasser zu ermöglichen. Gewöhnlich werden Emulsionen portionsweise in Bottichen hergestellt; es werden jetzt aber kontinuierliche Emulgiermaschinen[3]) in vielen Werken eingeführt.

---

[1]) Journ. of the Americ. chem. soc. Bd. 44, S. 267. 1922; siehe Mecklenburg: Kolloid-Zeitschr. Bd. 15, S. 149. 1914; Bd. 16, S. 97. 1915.
[2]) Lewis: Kolloid-Zeitschr. Bd. 4, S. 211. 1909.
[3]) Siehe Clayton: Margarine (Longmans) S. 71. 1920.

Man ist auch heute noch weit davon entfernt, den sog. Mechanismus der Emulgierung zu verstehen, obwohl zahlreiche sehr verschiedenartige Emulsionen bei den alltäglichen technischen Arbeitsmethoden entstehen. Es sind einige sehr eigentümliche Phänomene bei der Herstellung und „Entmischung" von Emulsionen durch einfache mechanische Methoden beschrieben worden. So erwähnt Ayres[1]) eine Rohölemulsion, die so beständig war, daß sie der Trennung in einer Zentrifuge Widerstand leistete, die aber nach Beförderung im Schnellzug vollständig in Wasser und Öl getrennt war. Auf irgendeine eigentümliche Weise hatte die Vibration des Zuges eine Entmischung der Emulsion verursacht. Ferner beobachtete Nugent[2]), daß eine Emulsion von 50% Benzol in 0,4% Gelatine enthaltendem Wasser, die beim Zentrifugieren in einer Zentrifuge mit einer Tourenzahl von 2000 pro Minute beständig blieb, dadurch zur Trennung gebracht werden konnte, daß man die Emulsion in eine Röhre brachte, die an die Speiche eines Rades befestigt war, das sich in einer vertikalen Ebene mit der Geschwindigkeit von drei Umdrehungen pro Minute drehte. Hierbei trat eine Trennung nur dann auf, wenn sich ein Luftraum in der Röhre befand. Es war dann die Trennungsgeschwindigkeit direkt abhängig von der Größe dieses Luftraumes. Die Ursache hierfür ist wahrscheinlich die von Ramsden beobachtete Anreicherung des Emulgators an der Grenzfläche Luft/geschlossene Phase. Dieses Prinzip ist von Clavel[3]), Karpinsky[4]) und Edser[5]) zur Trennung von Emulsionen angewandt worden. Edser fand, daß der Grad der Trennung von Öl aus Abwässern der Wollwäscherei abhängig ist von der Größe der Grenzfläche Luft/Flüssigkeit, und daß Luft und Emulsion sich während einer gewissen minimalen Zeit berühren müssen.

Die Grundauffassung über die Emulgierung besagt, daß die Ölphase und die wässerige Phase zusammen so kräftig wie möglich in Bewegung versetzt werden müssen, damit kleine Kügelchen entstehen, die die Emulsion beständiger machen. Es gibt folglich nur eine empirische Grenze für die praktische Herstellung von Emulsionen[6]). Diese Frage bedarf einer gründlichen Untersuchung unter Berücksichtigung des Einflusses verschiedener Bewegungsmethoden und der Stärke irgendeiner bestimmten Methode auf Gemische von Ölen und wässerigen Phasen. Es ist allgemein bekannt, daß man durch Bewegung eine Emulsion sowohl bilden wie entmischen kann. So fand Sheppard[7])

---

[1]) Journ. of the soc. chem. ind. Bd. 35, S. 678. 1916.
[2]) Transact. of the farad. soc. Bd. 17, S. 703. 1922.
[3]) D. R. P. 314 090. 1918.
[4]) Brit. Pat. 177 498. 1922.
[5]) Brit. Pat. 157 490. 1922.
[6]) Siehe Clayton: Theory of emulsions and margarine churning. Margarine-Journal Bd. 2 (13), S. 503. 1920.
[7]) Journ. phys. chem. Bd. 23, S. 634. 1919.

bei seinen Untersuchungen über die Emulgierung von Nitrobenzol in Schwefelsäure, daß „die Entmischung durch langsames Schütteln oder in manchen Fällen sogar durch eine einzige Erschütterung beschleunigt wurde bei Emulsionen, die in der Ruhe beständig blieben, während gelindes Schütteln unter etwas größerer Beschleunigung von neuem Emulgierung hervorruft; es entstand hierbei ein System, das in der Ruhe wiederum beständig war." Ayres[1]) fand, daß Bewegung (innerhalb vernünftiger Grenzen) eher dazu neigt, die Größe von Ölkügelchen, die in wässerigen Seifenlösungen emulgiert sind, zu vergrößern als zu verkleinern. Diese Wirkung ist bis zu einem gewissen Grade vergleichbar mit der Bildung von Butter aus Sahne durch Buttern, das heißt durch lang dauernde Bewegung. Wie Scoville[2]) betont hat, „kann Öl aus einer guten Emulsion durch übermäßig vieles Behandeln entfernt werden".

Ein anderes Beispiel dafür, daß es einen Grenzwert für die Größe der Bewegung bei der Emulgierung gibt, führt Nugent[3]) an, der fand, daß gelindes Schütteln die Bildung von Emulsionen von Benzol in wässeriger Gelatine begünstigt; starkes Schütteln (bei den bei seinen Versuchen herrschenden Bedingungen) verursachte Entmischung.

Die Annahme ist berechtigt, daß es für einen Emulgierungsapparat eine optimale Geschwindigkeit oder optimalen Grad der Bewegung oder der Mischung und eine optimale Zeitdauer gibt, bei der man die beste Emulsion mit einem gegebenen System erhält[4]). Diese Auffassung ist experimentell bestätigt worden. Bechhold, Dede und Reiner[5]) fanden, daß die Bildung von Emulsionen von Wasser und organischen Flüssigkeiten mit feinverteilten festen Körpern nach 10 Minuten langem gleichmäßigem Schütteln ein Optimum hat.

Herschel[6]) untersuchte bei seinen Arbeiten über den Widerstand, den Schmieröle der Emulgierung in Wasser leisten, den Einfluß der Umrührzeit und der Bewegungsgeschwindigkeit. Er wählte 5 Minuten als Zeitdauer für die Bewegung in allen seinen Versuchen (er benutzte einen elektrisch betriebenen Rührer), da er gefunden hatte, daß die entstehenden Emulsionen auch bei längerer Bewegung keine merklich größere Beständigkeit zeigten. Er fand in bezug auf die Geschwindigkeit, mit der er seine Gemische von fünf verschiedenen Ölen und Wasser rührte, daß es im allgemeinen eine Geschwindigkeit gibt, oberhalb deren die Beständigkeit der Emulsionen abnimmt, das heißt die

---

[1]) Chem. met. eng. Bd. 22, S. 1059. 1920.
[2]) Scoville: The art of compounding S. 82. 1895.
[3]) l. c.
[4]) Siehe Newman: Journ. phys. chem. Bd. 18, S. 38. 1914; auch Pollard: Pharmac. Journ. Bd. 83, S. 135. 1909.
[5]) Kolloid-Zeitschr. Bd. 28, S. 7. 1921.
[6]) U. S. Bureau of standards, techn. papers No. 86, S. 1. 1917.

Kurve, die das Verhältnis zwischen Geschwindigkeit und Beständigkeit darstellt, geht durch ein Minimum. Abb. 13 ist der Herschelschen Arbeit entnommen. Auf der Abszisse sind die Geschwindigkeiten in 100 Umdrehungen pro Minute dargestellt, auf der Ordinate die Maße für die Beständigkeit. Diese sind ausgedrückt als Anzahl Kubikzentimeter klaren Öls, die im Verlauf einer Stunde in der Emulsion nach oben steigen. Er wählte eine Geschwindigkeit von 1500 Umdrehungen pro Minute. Hierbei war durchschnittlich eine minimale Absetzgeschwindigkeit vorhanden.

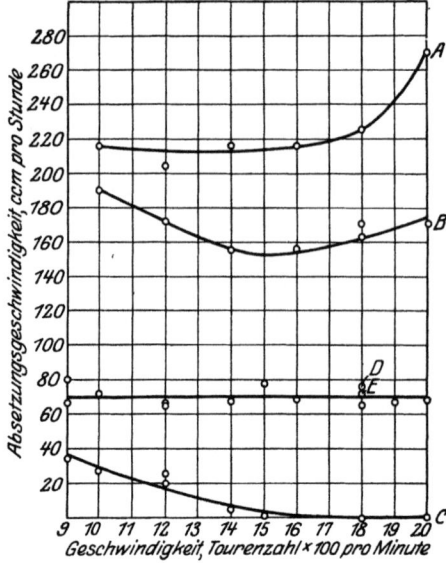

Abb. 13. Einfluß der Umrührungsgeschwindigkeit auf die Absetzungsgeschwindigkeit.

Briggs und Schmidt[1]) haben die verschiedenen Faktoren, die die Emulgierung von Benzol in 1 proz. Natriumoleatlösung beeinflussen, untersucht und dabei gefunden, daß die Ergebnisse von der Größe und Form der Gefäße und von der Geschwindigkeit und Art der Bewegung abhängen. Es wurden einige interessante Versuche angestellt über die Zeit, die notwendig ist, um Gemische vollständig zu emulgieren. Die Gemische enthielten (bei Zimmertemperatur) Benzol und Seifenlösung in verschiedenen Mengenverhältnissen. Das Gesamtvolumen des Benzols und der Seifenlösung wurde konstant gehalten (50 ccm). Die Emulsionen — Öl/Wasser — wurden in 125-ccm-Flaschen, die in einer Schüttelmaschine geschüttelt wurden, die annähernd 400 seitliche Ausschläge pro Minute machte, hergestellt. Es ergab sich, daß die erforderliche Schüttelbewegung mit Zunahme der Benzolvolumina zuerst langsam, dann schnell zunehmen muß, bis sie unendlich groß wird[2]). In Abb. 14 sind die folgenden Befunde graphisch dargestellt. Auf den Ordinaten sind die Volumenprozente Benzol, auf den Abszissen

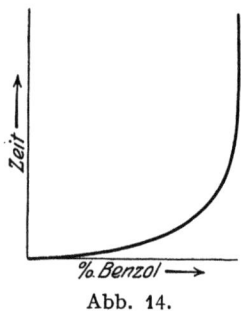

Abb. 14.

---

[1]) Journ. phys. chem. Bd. 19, S. 478. 1915.
[2]) Siehe Journ. phys. chem. Bd. 24, S. 120. 1920.

die zur vollständigen Emulgierung notwendige Zeit in Minuten eingetragen.

Volumenprozent Benzol	Die zur vollständigen Emulgierung notwendige Zeit in Minuten
99	nach 8 Stunden noch unvollständig emulgiert
96	125
95	40
90	23 (22)
80	17 (11)
70	10
60	7
50	3
40	2
30	< 1

Aus dem Diagramm geht die praktische Bedeutung solcher Ergebnisse deutlich hervor. Es ist nämlich überschüssiger Aufwand an Kraft bei der Herstellung von Emulsionen unnötig, da die optimale Herstellungszeit leicht festgestellt werden kann.

Diese Ergebnisse wären natürlich ganz anders ausgefallen, wenn die wachsenden Benzolmengen allmählich, anstatt auf einmal, zugefügt worden wären. Tatsächlich besteht die einzige zuverlässige Methode, um beständige konzentrierte Emulsionen zu erhalten, in der allmählichen Zugabe der dispersen Phase unter gleichzeitiger Bewegung[1]).

Moore[2]) untersuchte den Einfluß der Mischungszeit auf die Größe wässeriger Kügelchen, die in Kerosin emulgiert waren; als Emulgator benutzte er Lampenruß. Er fand, daß die Größe der Wassertröpfchen bei Variieren der Umrührzeit für jede gegebene Mischung von Ammoniumchloridlösung, Kerosin und Lampenruß durch ein Minimum geht. Die folgende Tabelle gibt die erhaltenen Befunde wieder:

Gewicht des Lampenruß	10 ccm Kerosin; 30 ccm n/1-NH₄Cl. Mischungszeit in Minuten											
	15		30		45		60		75		90	
	Durchmesser	Durchschnittliche Abweichung	Durchmesser	Durchschnittliche Abweichung	Durchmesser	Durchschnittliche Abweichung	Durchmesser	Durchschnittliche Abweichung	Durchmesser	Durchschnittliche Abweichung	Durchmesser	Durchschnittliche Abweichung
g	mm	%	mm	%	mm	%	mm	%	mm	%	mm	%
0,4	0,0551	35,2	0,0590	33,0	0,0484	24,8	0,0504	38,7	0,0637	58,8	0,0949	41,0
0,6	0,0452	20,3	0,0400	31,2	0,0432	46,3	—	—	0,0490	17,0	0,0697	42,8
0,8	0,0367	30,6	0,0338	25,7	0,0250	20,9	0,0337	41,2	0,0265	49,6	0,0309	46,3

[1]) Siehe Blichfeldt: Brit. Pat. 8227. 1912.
[2]) Journ. of the Americ. chem. soc. Bd. 41, S. 944. 1919.

Interessante Untersuchungen über Emulgierung sind von Briggs[1]) ausgeführt worden, der von der Überlegung ausging, daß die Art und Weise, in der ein Gemisch von Benzol und Na-Oleat geschüttelt wird, ein wichtiger Faktor bei der Emulgierung sein könnte. Er fand, daß intermittierendes Schütteln weit wirksamer ist als die gewöhnlich angewandte ununterbrochene Bewegung. Briggs schloß, daß „intermittierendes Schütteln 600- oder sogar 1000 mal wirksamer sein kann als ununterbrochene, aber gleichstarke Bewegung".

Wurden Gemische von Benzol in 1 proz. wässeriger Na-Oleatlösung mit der Hand geschüttelt, so fand Briggs, daß 750 Schüttelbewegungen nötig sind, um 60 Volumenprozent Benzol zu emulgieren. Hierzu brauchte man 4,2 Minuten, wenn man ohne Unterbrechung schüttelte. Man konnte dasselbe Gemisch mit 5 Schüttelbewegungen in weniger als 1 Minute vollständig emulgieren, wenn man nach zwei Schüttelbewegungen eine Pause von 30 Sekunden einschaltete. Ebenso waren bei kontinuierlichem Schütteln 6300 Schüttelbewegungen nötig, die 35 Minuten in Anspruch nahmen, um 80 Volumenprozent Benzol zu emulgieren; während nur 45 Schüttelbewegungen, die 4,5 Minuten in Anspruch nahmen, hierzu ausreichten, wenn auf je zwei Schüttelbewegungen eine Pause von 30 Sekunden folgte.

Es wurde auch der Einfluß der Länge der Pause bei der Herstellung von Emulsionen von 90 Volumenteilen Benzol in 10 Volumenteilen 1 proz. Na-Oleatlösung untersucht; es wurde je eine Schüttelbewegung nach aufwärts und nach abwärts mit der Hand ausgeführt.

Pause Sek.	Gesamtanzahl der benötigten Schüttelbewegungen	Gesamtzeitdauer Minuten
60	12	12
30	18	10
10	31	6
0 [2])	9900	> 60

Aus diesen Befunden sieht man, daß die Zeit, die zur vollständigen Emulgierung bei intermittierender Bewegung nötig ist, bei Zunahme der Länge der Pause durch ein Minimum geht.

Briggs' Erklärung für die ausgesprochene Überlegenheit der intermittierenden Emulgierung gegenüber der kontinuierlichen besteht darin, daß man die disperse Phase einer Emulsion, unter möglichstem Intaktlassen der geschlossenen Phase, aufteilen soll. Alles, was dazu neigt, den Zusammenhang des kontinuierlichen Mediums zu zerstören — in diesen Versuchen die Na-Oleatlösung —, verzögert die Emulgierung. Da Benzolkügelchen in einem Seifenmedium am Zusammen-

---

[1]) Journ. phys. chem. Bd. 24, S. 120. 1920.
[2]) In diesem Falle wurde über eine Stunde lang ununterbrochen geschüttelt.

fließen behindert sind, so ist es natürlich vorteilhaft, das Seifenmedium soweit wie möglich zusammenhängend zu erhalten. Bei ununterbrochenem Schütteln muß einige Zeit verstreichen, bis die Seifenlösung wirklich in Tropfen aufgeteilt ist, und daher wird die Dispergierung des Benzols in der Lösung in den Anfangsstadien der Emulgierung schneller und ausgiebiger sein. In der Praxis ist dies tatsächlich der Fall.

Nach Ansicht des Verfassers ist Briggs' Auffassung nur teilweise richtig. Schütteln ist eine weniger gute Methode zur Herstellung von Emulsionen, da die zertrümmernde Wirkung zwischen den relativ schweren und leichten Teilchen in dem Maße geringer wird, in dem die Emulgierung vollkommener wird. Man müßte vielmehr die zertrümmernden Kräfte vergrößern. Demnach müßte ununterbrochenes Schütteln ebenso gute Resultate wie intermittierendes Schütteln geben, vorausgesetzt, daß die emulgierten Teile des Gemisches dauernd von der Hauptmasse entfernt werden, damit die Schüttelenergie auf den übrigbleibenden Teil konzentriert wird. Eine zentrifugenähnliche Emulgierungsmaschine könnte vielleicht eine solche Emulgierung bewerkstelligen.

Pharmazeutische Emulsionen werden durch Zerreiben in einem Mörser nach zwei verschiedenen Methoden hergestellt: der englischen und der kontinentalen Methode. Bei der ersteren wird der Emulgator, z. B. Gummi arabicum, mit Wasser zu einem Schleim angerührt, dann das Öl und das übrige Wasser abwechselnd in kleinen Mengen zugefügt und nach jeder Zugabe verrieben. Diese Methode ist unzureichend[1]) und der früher beschriebenen kontinentalen Methode unterlegen. (Siehe S. 39.)

Homogenisieren. Im Laboratorium oder technisch hergestellte Emulsionen enthalten gewöhnlich dispergierte Kügelchen von sehr verschiedenem Durchmesser. Man nennt das Verfahren, durch das diese Kügelchen so zerkleinert werden, daß sie annähernd gleich großen Durchmesser, der bedeutend kleiner ist als der Durchmesser der ursprünglichen Emulsion, erhalten, Homogenisieren. Das entstehende Produkt nennt man eine homogenisierte Emulsion.

Es liegt auf der Hand, daß homogenisierte Emulsionen sich zu wissenschaftlichen Untersuchungen besonders eignen. Sie werden bei künftigen Untersuchungen zweifellos mehr als bisher benutzt werden. Zur Zeit hat man ihre Brauchbarkeit in der Technik mehr anerkannt; besonders im Molkereibetrieb, wo homogenisierte Sahne und Milch seit langem bekannte Erzeugnisse sind.

Hatschek[2]) hat gezeigt, daß zur weiteren Zerteilung emulgierter Kügelchen eine Kraft nötig ist, die mit der Abnahme der Teilchengröße ungeheuer anwächst. Homogenisierungsapparate für den Laboratoriums-

---

[1]) Arny: Principles of pharmacy S. 267. 1911.
[2]) Kolloid-Zeitschr. Bd. 7, S. 81. 1910.

gebrauch sind zur Zeit noch ziemlich selten. Die mit ihnen erzielten Ergebnisse sind ziemlich unbefriedigend im Vergleich zu den Erzeugnissen, die man mit den modernen Maschinen in Molkereien erzielt. Briggs[1]) konstruierte einen einfachen Homogenisierungsapparat, mit dessen Hilfe er die mittleren Durchmesser der Teilchen in handgeschüttelten Emulsionen von 25 auf 5 μ reduzieren konnte. Wiederholtes Homogenisieren verkleinerte den mittleren Durchmesser auf etwa 2—3 μ. Diese Emulsionen zeigten dann bedeutend erhöhte Beständigkeit.

Fischer und Hooker[2]) erzielten gute Ergebnisse im Laboratorium, indem sie grobteilige Emulsionen durch eine mörser- und pistillähnliche Vorrichtung hindurchschickten. Die Emulsion wird in einen metallenen Trichter gegossen, in dem ein Pistill gedreht wird. Mit Hilfe einer oben befindlichen Schraube kann jeder beliebige Druck ausgeübt werden. Die Emulsion gleitet unter hydraulischem Druck an den Reibungsflächen vorbei, und da diese abgeschrägt sind, werden die Emulsionskügelchen zerkleinert, bevor sie durch die Ausgangsöffnung hindurchgelangen.

Im Jahre 1892 erhielt Paul Marix[3]) zwei französische Patente auf dem Gebiete der Margarinefabrikation, um Emulsionen herzustellen, deren Bestandteile durch eine feine Öffnung unter Druck hineingepresst werden. Später[4]) machte er den Vorschlag, die zu emulgierende Flüssigkeit durch Vorbeitreiben an einer sich bewegenden Oberfläche fein zu verteilen und innig zu vermischen. Unter Anwendung der Zentrifugalkraft wurden die Flüssigkeiten zwischen einer feststehenden und einer rasch sich drehenden Platte hindurchgetrieben. Julien[5]) übernahm das Prinzip des Marixschen Patentes, preßte die Flüssigkeiten aber durch eine Reihe kleiner Löcher. Die Weiterzerteilung der Kügelchen einer schon bestehenden Emulsion, z. B. Milch, in der Absicht, sie zu stabilisieren, wurde dann von Gaulin[6]) erzielt. Er benutzte ein Bündel von Capillaren, gegen deren eines Ende eine kräftige Feder einen konkaven Ventilkörper drückte. Man mußte einen Druck von 250 Atmosphären anwenden, um die Milch (bei 85°C.) durch diese Capillaren zu pressen. Hierbei gelang es, sie zu homogenisieren[7]). Später wurde Achat an Stelle von Metall angewandt, da letzteres sich sehr stark abnützte[8]).

---

[1]) Journ. phys. chem. Bd. 19, S. 223. 1915.
[2]) Fats and fatty Degeneration S. 24. New York 1917,
[3]) Fr. Pat. 218 946/7. 1892.
[4]) Fr. Pat. 221 583. 1892.
[5]) Fr. Pat. 220 446. 1892; 224 553. 1892.
[6]) Fr. Pat. 295 596. 1899.
[7]) Siehe auch Bonnet: Fr. Pat. 333 501. 1903; und Répin: Fr. Pat. 328 064. 1902.
[8]) Siehe Talansier: Brit. Pat. 19 626. 1909.

Schröder und Wrede schlugen eine ähnliche Maschine vor, sie ersetzten aber die Capillaren durch einen Schaft aus Achat, auf dessen Oberfläche Gewinderillen eingeritzt waren; hierdurch wird er, wenn die Milch unter einem Druck von 150 Atmosphären hindurchgepreßt wird, zum Drehen gebracht. Schröder[1]) ersetzte später den drehbaren Kegel durch einen regulierbaren Stufenkegel, bei dem der Spalt zwischen Kegel und Sitz sich von Stufe zu Stufe verringert. Es wird dadurch eine allmähliche Verkleinerung der Kügelchen bewirkt.

Die Gaulinsche Maschine[2]) wird viel gebraucht und ist sehr leistungsfähig. Eine Beschreibung dieser Maschine mag als allgemeines Beispiel für Homogenisierungsapparate genügen[3]).

Zur Anlage gehört eine dreistufige Pumpe. Jeder Zylinder hat ein Saug- und Druckventil, das sehr starken Drucken widerstehen kann. Im Austrittsrohr befindet sich der achatene Homogenisierkegel, der vorsichtig in den Sitz eingeschliffen und durch eine Feder festgehalten wird. Der Kegel (der einem Entlastungsventil vergleichbar ist) ist so eingeschliffen, daß er bei einem Druck von 2000—3000 Pfund pro Quadratzoll nachgibt. Wird der Druck während des Betriebes so stark, daß der Homogenisierkegel nachgibt, dann ist der Zwischenraum zwischen Scheibe und Sitz so eng, daß die Fettkügelchen in einer Emulsion (Milch oder Sahne) so weitgehend aufgeteilt

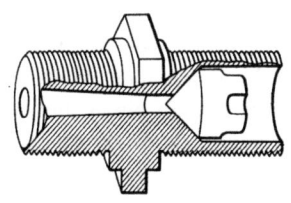

Abb. 15.
Homogenisierkegel.

werden, daß eine neue Emulsion von bemerkenswerter Beständigkeit entsteht. Man kann, je nach dem erwünschten Grad der Verteilung, jeden beliebigen Druck, sofort durch Einstellung eines Handrades erzielen, das zu diesem Zwecke am Apparat angebracht ist. Abb. 15 zeigt die Stellung des achatenen Kegels im Austrittsrohr.

Beim Homogenisieren von Milch oder Sahne wird die Flüssigkeit vorher auf 60° C. erwärmt und ein Druck von etwa 3000 Pfund pro Quadratzoll angewandt. Die Durchmesser der rohen Milchfettkügelchen bewegen sich zwischen 0,01 mm und 0,0016 mm. Die Größe hängt von der Tierrasse, der Art der Nahrung, der Jahreszeit usw. ab. Bei Sahne haben die Fettkügelchen Durchmesser von 0,003—0,005 mm. Durch das Homogenisieren werden die Durchmesser der Fettkügelchen in Milch oder Sahne auf etwa den hundertsten Teil ihrer ursprünglichen Größe verkleinert. Solche Emulsionen sind von erstaun-

---

[1]) D. R. P. 277 225. 1912.
[2]) Siehe Fr. Pat. 323 875; Brit. Pat. 22 875. 1904; U. S.-Pat. 753 792. 1904; 756 953. 1903.
[3]) Siehe Chem. App. Bd. 3, S. 133. 1916; und Pharm. Journ. Bd. 36, S. 734. 1913, zur Beschreibung von Homogenisierungsmaschinen.

licher Beständigkeit und widerstehen im allgemeinen einer Trennung selbst beim Zentrifugieren.

Die Beständigkeit homogenisierter Milch ist von Sobbe[1]) in bezug auf die Abtrennung des Butterfetts untersucht worden. Zwei Milchproben wurden homogenisiert und bei Zimmertemperatur 72 Stunden lang in einem Meßzylinder stehengelassen. Ein wenig Formaldehyd wurde als Konservierungsmittel zugesetzt. Man bestimmte dann den Fettgehalt in verschiedenen Höhen und erhielt die folgenden Werte:

Probe, ursprünglicher Fettgehalt	Milch A 2,6%		Milch B 3,3%	
Prozent Fett	roh	homogenisiert	roh	homogenisiert
in den unteren 50 ccm	0,3	2,3	0,2	2,95
in den mittleren 50 ccm	1,4	2,5	0,6	3,2
in den oberen 50 ccm	8,5	2,9	14,5	3,85

Bei homogenisierter Milch kommt es zu nur geringfügiger Rahmbildung, wohingegen rohe Milch sehr schnell Rahm abscheidet. Man kann aus homogenisierter Milch keine Butter machen, homogenisierte Sahne kann nicht geschlagen werden; will man einen beständigen Schaum haben, so muß man ein Kolloid, wie z. B. Tragant, zusetzen. Die Brownsche Molekularbewegung ist sehr ausgesprochen, und die Oberflächenspannung ist merklich herabgesetzt.

Der Grund für diese auffälligen Veränderungen liegt in der vermehrten Adsorption von Casein durch die Fettkügelchen. Da die Zahl der Fettkügelchen sich etwa 1000fach vergrößert, so ist die dadurch entstehende adsorbierende Oberfläche ungeheuer groß. Die Adsorption von Casein zeigt sich sofort durch die starke Zunahme der Viscosität, sind doch homogenisierte Milch und Sahne viel dickflüssiger als die ursprünglichen Flüssigkeiten. Wiegner[2]) verkleinerte den mittleren Durchmesser der Fettkügelchen der Milch von $2,9\,\mu$ auf etwa $0,27\,\mu$, und berechnete aus Viscositätsmessungen, daß von dem in der Milch vorhandenen Casein 2,27% in der gewöhnlichen Probe und 25,2% in der homogenisierten Milch adsorbiert werden. (Diese Berechnung beruht auf der Annahme, daß nur Casein adsorbiert wird, und daß die mittlere Dicke der adsorbierten Schicht $6,8\,\mu\mu$ beträgt.) Magermilch kann man nicht homogenisieren, da sie praktisch fettfrei und das Casein schon in sehr feinverteiltem Zustand vorhanden ist.

Auch Briggs[3]), der Emulsionen von Benzol in verdünnten Natriumoleatlösungen untersuchte, hat gezeigt, daß die Adsorption bei homogenisierten Emulsionen sehr wesentlich ist. Da die aus der Lösung entfernte

---

[1]) Zentralbl. f. Milchwirtsch. Bd. 43, S. 503. 1914.
[2]) Kolloid-Zeitschr. Bd. 15, S. 105. 1914.
[3]) Journ. phys. chem. Bd. 19, S. 229. 1915; siehe Martici: Arch. di fisiol. Bd. 4, S. 133. 1907.

Seifenmenge eine Funktion der Größe der Trennungsfläche zwischen Wasser und Benzol ist, nahm sie in dem Maße stark zu, in dem die Emulsionen fortschreitend homogenisiert wurden. Leider wurde das Verhältnis zwischen der spezifischen Oberfläche und der adsorbierten Menge nicht quantitativ bestimmt.

Wiegner[1]) untersuchte bei seinen Arbeiten über homogenisierte Milch die Veränderung der Durchmesser der Fettkügelchen und die Zunahme ihrer Zahl nach der Homogenisierung. Die folgende Tabelle gibt seine Befunde wieder.

Proben	Spezifisches Gewicht	Prozent Fett	Durchmesser der Fettkügelchen		Zahl der Fettkügelchen auf 100 ccm	
			normal	homogenisiert	normal	homogenisiert
1	1,0313	3,17	2,86 μ	0,27 μ	$2,87 \cdot 10^{11}$	$3,41 \cdot 10^{14}$
2	1,0320	2,87	2,94 μ	0,17 μ	$2,40 \cdot 10^{11}$	$3,02 \cdot 10^{14}$

Die Teilchenzahl in der ersten Probe ist nach dem Homogenisieren 1188mal, in der zweiten 1258mal so groß. Die Größe der Oberfläche der Fettkügelchen hat sich 112- bzw. 117 mal vergrößert. Die Viscositäten der rohen bzw. der homogenisierten Milch verhielten sich wie 1 : 1,12 und 1 : 1,15. Es war keine sichtbare Veränderung der Dichte und kein Unterschied in der elektrischen Leitfähigkeit eingetreten, obwohl Buglia[2]) bei ähnlichen Untersuchungen eine leichte Zunahme der Leitfähigkeit homogenisierter Milch feststellte. Sowohl Wiegner wie Buglia finden eine geringfügige Erniedrigung des osmotischen Druckes nach Homogenisieren.

Homogenisierte Milch und Sahne sind infolge der feinen Zerteilung der Fettkügelchen[3]) leichter verdaulich als die gewöhnlichen Produkte; sie sind deshalb für die Ernährung von Kindern wertvoll. Sie sehen gehaltvoller aus und schmecken auch gehaltvoller als die gewöhnlichen Produkte. So sieht z. B. frische Milch mit einem Fettgehalt von 4% nach dem Homogenisieren aus wie Sahne mit einem Fettgehalt von 8%, und eine 15 proz. Sahne bildet nach dem Homogenisieren für Kochzwecke einen guten Ersatz für 25 proz. Sahne.

In Amerika wird homogenisierte Sahne ausgiebig verwandt zur Herstellung von Sahneneis, das schön eben sein soll[4]). Gewöhnlich wird Sahneneis, außer wenn es ein Schutzkolloid wie Gelatine oder Eieralbumin enthält, infolge der Bildung von Eiskrystallen krümelig. Man kann besseres Sahneneis mit homogenisierter Sahne herstellen, da die Zwischenräume zwischen den jetzt sehr zahlreichen Fettkügelchen so gering sind, daß die kleinen Eiskrystalle sich nicht mehr bemerkbar machen.

---

[1]) Kolloid-Zeitschr. Bd. 15, S. 105. 1914.
[2]) Kolloid-Zeitschr. Bd. 12, S. 353. 1908.
[3]) Siehe Bechhold: Die Kolloide in Biologie und Medizin S. 376. 1922.
[4]) Siehe Clayton: Brit. assoc. colloid reports, Bd. 2, S. 116. 1921.

IX. Die Entmischung.

Ebenso wie die Frage der Herstellung beständiger Emulsionen eine große Rolle bei vielen technischen Vorgängen spielt, so ist auch die entgegengesetzte Frage der „Entmischung" von Emulsionen von Bedeutung. Nur zu häufig werden Emulsionen als störende Faktoren bei gewissen technischen Prozessen empfunden, und man muß viel Gedankenarbeit und Erfindungsgabe aufwenden, um sie zur Entmischung oder zur Trennung zu bringen. Wie man keine allgemeine Regel für die Herstellung irgendeiner Emulsion aufstellen kann, so gibt es auch keine allgemeine Regel für die Entmischung einer vorhandenen Emulsion. Jedes System hat seine eignen Schwierigkeiten. Ein gewisses Verfahren kann für manche Emulsionen gute Ergebnisse zeitigen und doch bei anderen Emulsionen gänzlich wirkungslos sein. Es gibt eben noch keine allgemeine Methode zur Entmischung von Emulsionen.

Bekannte Fälle von Entmischung sind die Entfernung von Wasser aus Rohpetroleumemulsionen, die Entfernung von Öl aus Kondenswasser und die Herstellung von Butter; bei letzterer muß erst noch die Sahne von der Milch getrennt werden.

Rohölemulsionen. Wenn man im ölführenden Sande nach Petroleum bohrt, so kann dabei Wasser eindringen, das im Öl emulgiert wird und Wasser/Ölemulsionen von verschiedenem Beständigkeitsgrade erzeugt. Die größeren Wassertröpfchen scheiden sich allmählich als „freies Wasser" ab, die kleineren Kügelchen bleiben aber suspendiert und werden als „eingeschlossenes Wasser" („trapped water") bezeichnet. Der Wassergehalt schwankt zwischen Spuren bis zu 60%, er beträgt gewöhnlich 25%. Rohöl darf, um verkäuflich zu sein, oder um als „pipe line"-Öl bezeichnet werden zu dürfen, nicht mehr als 2% Wasser enthalten, eine von den Transportgesellschaften willkürlich festgesetzte Grenze.

Sherrick[1]) hat an den Rohölen von Goose Creek (Texas) nachgewiesen, daß das Öl die geschlossene Phase ist; das Wasser ist hierin in Form von Kügelchen mit negativer Ladung dispergiert. Sherrick wandte die elektrische Leitfähigkeitsmethode an, um die Emulsionsart zu bestimmen (siehe S. 90). Diese Methode war gerade in diesem Fall besonders geeignet, um das Verhältnis der Öl- und Wasserphasen zueinander zu bestimmen, da letztere gelöste Elektrolyte (besonders NaCl), manchmal bis zu 10%, enthält. Wäre die wässerige Lösung die äußere Phase, dann müßte die Emulsion den elektrischen Strom gut leiten. Bei Sherricks Versuchen wurde bei einem Elektrodenabstand von 2 Zoll und einer Potentialdifferenz von 250 Volt kein

---

[1]) Journ. of industr. a. engineer. chem. Bd. 12, S. 133. 1920.

Ausschlag an einem im Stromkreis gelegenen empfindlichen Milliamperemeter beobachtet. Ein Kataphoreseversuch bestätigte die Annahme, daß Wasser die disperse Phase sei.

Der Emulgator, der Rohpetroleum-Emulsionen beständig macht, ist wahrscheinlich Asphalt, entweder allein, oder an Ton oder andere Erdbestandteile adsorbiert. Wir haben schon gesehen, daß Ton in der Tat Emulgierung von Wasser in Öl herbeiführt. (Siehe S. 7.) Das Verhältnis des Asphalts zur Kolloidchemie des Petroleums ist von Dunstan[1]), Richardson[2]), Sherrick[3]) und Padgett[4]) behandelt worden. Nach diesen maßgebenden Fachleuten scheint es ziemlich sicher zu sein, daß Asphalt oder andere in rohen Ölen vorhandene schwere Kohlenwasserstoffe an die anwesenden Erdbestandteile adsorbiert sein können. Dieser Komplex bildet dann eine Schutzhülle um die Wasserkügelchen[5]). Sherrick[6]), der eine Emulsion von NaCl-Lösung in reinem weißem Paraffinöl durch Anwendung von 0,5% Asphalt herstellte, zeigte, daß Asphalt sich wie ein öllösliches Kolloid mit emulgierenden Eigenschaften verhalten kann. Weiter hat Richardson[7]) gefunden, daß die Erdbestandteile des Trinidadasphalt die im Asphalt vorhandenen bituminösen Bestandteile stark adsorbieren.

Mittels zahlreicher Verfahren trennt man die Rohölemulsionen und gewinnt das trockene Öl wieder. Diese Verfahren zerfallen in drei Hauptgruppen: Elektrische Methoden, chemische Methoden und mechanische oder physikalische Methoden. Die verschiedenen Methoden sind vielfach patentiert worden. Es sollen hier aber nur die besten heute angewandten Methoden in großen Umrissen betrachtet werden.

Die elektrischen Methoden basieren auf der Tatsache, daß ein Zusammenfließen der Wasserkügelchen nach dem Durchgang eines elektrischen Stromes (Gleich- oder Wechselstrom) durch die Emulsion zustandekommen kann. Gewöhnlich wird ein hochgespannter Wechselstrom angewandt. F. G. Cottrell[8]) erhielt das erste Patent auf diesem Gebiete. Er behauptet, daß die Wasserteilchen „elektrostatischen Kräften unterstehen, die abhängig sind von den Potentialen und Dielektrizitätskonstanten der sich berührenden Substanzen, und daß

---

[1]) Brit. assoc. colloid reports, Bd. 3, S. 91. 1920.
[2]) Brit. assoc. colloid reports, Bd. 3, S. 98. 1920; Chem. met. eng. Bd. 21. Jan. 1917.
[3]) l. c.
[4]) Chem. met. eng. Bd. 25, S. 189. 1921.
[5]) Siehe Sherrick: Journ. of industr. a. engineer. chem. Bd. 13, S. 1011. 1921.
[6]) Journ. of industr. a. engineer. chem. Bd. 12, S. 138. 1920.
[7]) Journ. phys. chem. Bd. 19, S. 245. 1919.
[8]) U. S.-Pat. 287 115. 1911.

die Teilchen zu Massen zusammenfließen," die durch Absetzen oder Zentrifugieren leicht entfernt werden können. Braley[1]) erwähnt, daß Emulsionen, die sogar 65% Wasser enthielten, mit Hilfe dieser Methode in ökonomischer Weise soweit entwässert worden sind, daß sie nur noch 0,5% Wasser und Abfallprodukte enthielten.

W. G. und H. C. Eddy[2]) haben den „elektrischen Entwässerungsprozeß" beschrieben. Ein galvanisierter Stahlbehälter (der „electrical treater"), der etwa 8 Fuß hoch ist und 3 Fuß im Durchmesser beträgt, hat in der Mitte eine senkrechte Achse, die eine Reihe kreisförmiger Scheiben trägt. Die Achse ist isoliert montiert und wird langsam gedreht. Die Behälterwand ist geerdet und bildet die eine Elektrode; die Achse stellt eine sich drehende Elektrode dar. Es wird eine Potentialdifferenz von 11 000 Volt (ein Wechselstrom von üblicher Frequenz) aufrechterhalten. Die Rohölemulsion wird kontinuierlich zugeführt und geht durch das ringförmige elektrische Feld, das so zwischen der Behälterwand und den Rändern der Scheiben besteht, wobei es zur Entmischung kommt. Das freigemachte Öl und das Wasser gelangen in ein Klärbecken, in dem die Trennung in Öl und Wasser (das Salze enthält) vervollständigt wird. Eine Anlage, die mit Hilfe eines einzigen Stromkreises und Motors betrieben wird, kann aus einer beliebigen Anzahl der eben beschriebenen Entwässerungsapparate bestehen, und zwar von 1—8 in geraden Vielfachen; desgleichen in Gruppen von je 6 Einheiten. Die Leistung eines jeden Entwässerungsapparates beträgt im Durchschnitt 300—1000 Faß Öl pro Tag. Es spielt die Beschaffenheit der Emulsion in dieser Hinsicht eine wichtige Rolle. Der Elektrizitätsverbrauch schwankt von 5—75 Wattstunden pro Faß entwässerten Öls. Die durchschnittlichen Stromkosten (1921) betrugen 1 Cent (gleich 4,2 Pfg.) für 20—25 Faß. Wo die örtlichen Verhältnisse es ermöglichen, wird die Anlage so angelegt, daß ein Gefälle vom Vorratsbehälter durch die Entwässerer zu den Versandbehältern besteht, um mit einem Minimum an Rohrleitungen und Pumpen auszukommen.

Die maximale Wirksamkeit hängt von einer optimalen Versuchstemperatur ab. Die mittlere Temperatur beträgt 57°C., besonders beständige Emulsionen müssen aber unter Umständen bis auf 82°C. erhitzt werden, bevor sie der elektrischen Behandlung unterworfen werden. Für Öle, die flüchtige Bestandteile enthalten, muß man eine geschlossene Heizvorrichtung anwenden. Eine Erweiterung dieser Methode stammt von Mc Kibben[3]), der den Vorschlag macht, die Emulsion, die erhitzt

---

[1]) Transact. of the Americ. electrochem. soc. Bd. 35, S. 209. 1919.
[2]) Journ. of industr. a. engineer. chem. Bd. 13, S. 1016. 1921.
[3]) U. S.-Pat. 1 299 590. 1919.

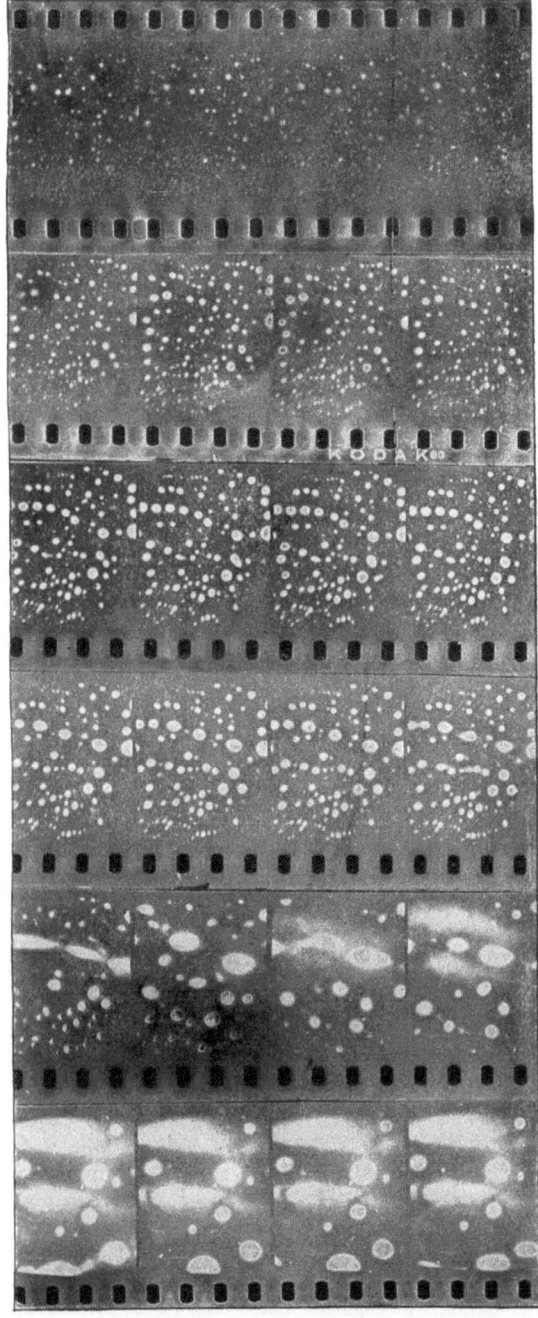

Abb. 16. Mikro-kinematographische Aufnahme des „Cotrell"-Verfahrens der elektrischen Entwässerung.

wird, um Verdunstung des Wassers herbeizuführen, durch ein verstärktes elektrisches Feld zu leiten. Die Dämpfe werden kondensiert, abgekühlt und das Wasser abgetrennt.

Die dem Cottrell-Prozeß und seinen Modifikationen zugrundeliegende Theorie besteht darin, daß die Emulsion die Rolle zahlreicher elektrischer Kondensatoren übernimmt, die Wasserkügelchen sind die Elektroden oder Pole, die geschlossene Ölphase wirkt als Dielektrikum. Unter dem Einflusse eines hochgespannten Wechselfeldes zerreißen die geladenen Wasserteilchen die umhüllenden Ölhäutchen und fließen unter Bildung größerer Tropfen zusammen. Nach W. G. und H. C. Eddy[1]), die einen solchen Versuch mit Hilfe eines mikro-kinematographischen Films verfolgten, ,,dauert diese Wirkung von Zug und Druck, von Anziehung und Abstoßung der leitenden Wasserteilchen so lange, bis alle mikroskopischen Wassertropfen in der ursprünglichen Emulsion die Fesseln der umhüllenden Ölhäutchen gesprengt haben, wobei die größeren Tröpfchen als Kerne dienen, bis das gesamte Wasser in Gestalt von großen Tropfen befreit ist, die sich leicht absetzen."

Abb. 16 zeigt Ausschnitte aus einem von W. G. und H. C. Eddy aufgenommenen, 50fach vergrößerten mikro-kinematographischen Film. Es wurden vier Abschnitte pro Sekunde aufgenommen. Jeder Abschnitt enthält vier einzelne Bilder. Der erste Abschnitt zeigt die unbehandelte Emulsion, deren innere Phase 35% beträgt. Die folgenden Abschnitte zeigen, wie die Wasserkügelchen unter dem Einfluß des elektrischen Stromes fortschreitend zusammenfließen unter Bildung einiger großer Tropfen. Man kann die Veränderung von einem Abschnitt zum anderen deutlich verfolgen. Besonders deutlich ist die Kette, die von den größeren Wassertröpfchen ausgeht, die sich zufällig in der rohen Emulsion einigermaßen in einer Reihe befanden. Die großen Wassertropfen befinden sich, wie aus dem letzten Abschnitt ersichtlich ist, in einem Zustand, in dem sie sich infolge der Schwerkraft leicht zu Boden setzen können, und das klare Wasser kann in einem kontinuierlichen Strom automatisch abgelassen werden.

Die Verwendung von Gleichstrom ist von Seibert und Brady[2]) patentiert worden. Die Methode beruht auf dem Prinzip der Kataphorese. Es wird eine Spannung von 250—600 Volt angelegt und die Stromstärke schwankt zwischen einigen wenigen Milliampere, und 10 Ampere. Diese Methode wird jedoch nur wenig angewandt, obwohl die ,,Gulf Production Company" sie in ihrer ,,kombinierten Methode" anwendet, um im Goose Creek (Texas) Öle zu entwässern. Sie verwenden eine Kombination von Erhitzen in geschlossenen Gefäßen, Absitzen-

---

[1]) Journ. of industr. a. engineer. chem. Bd. 13, S. 1016. 1921.
[2]) U. S.-Pat. 1 290 369. 1919.

lassen, Gleichstrombehandlung und Zentrifugieren. Der Verlust durch die Verdampfung ist geringfügig, und es wird nur wenig Heizmaterial verbraucht. Mc Kibben[1]) hat eine Methode angegeben, bei der ein kontinuierliches, gleichförmiges elektrisches Feld zwischen den Elektroden, die verhältnismäßig weit von den anderen entfernt sind, aufrecht erhalten wird. Hierdurch sollen die zu Kettenbildung neigenden Wasserkügelchen polarisiert werden. Die Emulsion wird so langsam durch das Feld hindurchgeschickt, daß Ketten aus polarisierten Kügelchen eingeschlossenen Wassers sich zwschen den Elektroden nicht halten können oder zerstört werden. Es wird auf diese Weise eine Trennung in Öl und Wasser herbeigeführt. Eine sehr ähnliche Idee liegt einem Patent von Harris[2]) zugrunde. In der Emulsion sich befindende Elektroden werden einander soweit genähert, daß es zur Bildung von Wasserketten zwischen den Elektroden, durch die starke Kurzschlußströme fließen können, kommt. Die Elektroden werden dann voneinander entfernt und der Strom unterbrochen, worauf sich Wasser abscheidet.

Chemische Methoden haben zur Entmischung von Rohpetroleumemulsionen weitgehend Verwendung gefunden; sie sind sehr mannigfaltig. Das Hauptprinzip, das ihnen zugrundeliegt, besteht darin, daß man in einer durch ein öllösliches (hydrophobes) Kolloid beständig gemachten Emulsion durch Zusatz eines geeigneten wasserlöslichen (hydrophilen) Kolloids einen Zusammenfluß der Teilchen herbeiführen kann. Ein solcher Vorgang ist von Clowes[3]) in seinen Versuchen über antagonistische Elektrolyte dargestellt worden. (Siehe S. 65.)

Wasserlösliche Seife wird bei der chemischen Behandlung von Emulsionen häufig angewandt. Natrium- und Kaliumseifen sind sowohl in Wasser wie in Öl löslich, nach Fischer[4]) enthalten aber die wässerigen Lösungen dieser Seifen ein hydratisiertes Kolloid, das in Öl nicht mehr löslich ist. Natriumoleat bildet die Grundlage verschiedener patentierter Verbindungen, so z. B. von „Tret-o-Lite". Dieses enthält 83% Natriumoleat, 5,5% Natriumresinat, 5% Natriumsilicat, 4% Phenol, 1,5% Paraffin, 1% Wasser.

Matthews und Crosby[5]) beschreiben Versuche mit dieser Mischung. Sie fanden, daß Zusatz einer 1 proz. wässerigen Lösung von „Tret-o-Lite" zu einer Emulsion im Verhältnis von 0,1—1,0 Gewichtsprozent, nach Schütteln zu einer Trennung der Phasen und nachfolgendem Absetzen

---

[1]) U. S.-Pat. 1 299 589. 1919; und 1 304 786. 1919.
[2]) U. S.-Pat. 1 281 952. 1918; siehe auch Laird u. Raney: U. S.-Pat. 1 116 299. 1914; 1 142 760. 1915; 1 142 761. 1915.
[3]) Journ. phys. chem. Bd. 20, S. 407. 1916.
[4]) Science Bd. 43, S. 468. 1916.
[5]) Journ. of industr. a. engineer. chem. Bd. 13, S. 1015. 1921; siehe Gill: Brit. Pat. 180 447. 1921.

führte. Die Entmischung wurde bei einer Versuchstemperatur von 65° C. beschleunigt.

Bisweilen können die Rohölemulsionen durch einfaches Schütteln mit Natriumcarbonat entmischt werden. Dies beruht auf der Bildung von Na-Seifen (die wie hydrophile Kolloide wirken), die durch das aufeinander Einwirken des zugesetzten Alkalis und der im Öl anwesenden Fettsäuren gebildet werden. Die Anwendung der Natriumsalze sulfurierter Mineralöle ist von Francis und Rogers[1]) patentiert worden, die Zusatz solcher Substanzen zu den erhitzten Emulsionen empfehlen. Nach solcher Behandlung kommt es rasch zur Entmischung. In diesem Zusammenhang dürfte von Interesse sein, daß Levinstein sulfurierte Stearinsäure[2]) und sulfurierte Palmitinsäure[3]) als Emulgatoren zur Herstellung von Emulsionen von Ölen, Fetten und Wachsen in Wasser patentiert hat.

Von anderen hydrophilen Kolloiden, die zur Entmischung von Rohölen empfohlen werden, seien Gelatine (Leim) und Stärke genannt. Man kann eine konzentrierte Gelatinemischung in Brennöl herstellen, die diese Emulsionen leicht entmischt. In geeigneter öllöslicher Form zugesetzt, ist auch Stärke sehr wirksam, obwohl Stärke allgemein nicht als sehr gutes Schutzkolloid für Öl/Wasseremulsionen betrachtet wird. In einer Besprechung der Anwendung dieser Substanzen hat Ayres[4]) darauf hingewiesen, daß „man nichts wesentliches aussagen kann über die Mengenverhältnisse solcher hydrophiler Substanzen, die notwendig sind, um diese Emulsionen zu entmischen, da die Wirkungen dieser Substanzen mit der Zeit zunehmen. Nimmt man z. B. eine Emulsion, die in einer kontinuierlich arbeitenden Zentrifuge in einem Tempo von 5 Fässern pro Stunde entmischt werden kann, so bewirkt Zusatz von 0,001% öllöslicher Na-Seife, Gelatine oder Stärke einige Stunden vor dem Zentrifugieren, daß 15 Fässer pro Stunde abgeschieden werden können. Man kann dieselbe Zunahme erzielen, durch Zusatz von 0,01% hydrophilen Kolloids 30 Minuten vor Beginn oder von 0,1% unmittelbar vor Beginn des Zentrifugierens. Innerhalb praktischer Grenzen schreitet das Zusammenfließen in einer gegebenen Zeit desto weiter vor, je größer die Menge des Kolloids ist. Ein winziger Prozentsatz des hydrophilen Kolloids reicht aus, um vollständiges Zusammenfließen zu garantieren, falls man der Emulsion genügend Zeit gibt, um ins Gleichgewicht zu kommen." Hieraus schließt man, daß die stabilisierende Fähigkeit des in Rohölemulsionen vorhandenen hydrophilen Kolloids klein ist. Die Ursachen der unerwarteten Wirksamkeit

---

[1]) U. S.-Pat. 1 299 385. 1919; siehe auch Matthews u. Crosby: l. c. S. 1015.
[2]) U. S.-Pat. 1 176 378. 1916.
[3]) U. S.-Pat. 1 185 213. 1916.
[4]) Journ. of industr. a. engineer. chem. Bd. 13, S. 1013. 1921.

der Stärke müssen unbedingt untersucht werden, besonders wenn man die Befunde des Verfassers berücksichtigt, der fand, daß Zusatz kleiner Mengen Stärke ein ausgezeichnetes Mittel ist, um gewisse sehr beständige Suspensionen von anorganischen festen Körpern in sauren oder alkalischen Flüssigkeiten zu flocken[1]).

Im Zusammenhang mit dem Trent-Verfahren der Kohlen-„Reinigung"[2]) hat man auf einen interessanten Fall der Entmischung von Wassergasteeremulsionen und Rohölbodensätzen aufmerksam gemacht. Zusatz feinpulverisierter Kohle entmischt solche Emulsionen, da Öl Kohle viel besser benetzt als Wasser. Hierdurch kommt es zur Bildung der umgekehrten Emulsionsart und dadurch zu einem vollständigen Zusammenbruch des Systems.

Durch Elektrolyte bedingtes Zusammenfließen. Die Ladung der Wasserkügelchen wird durch Zusatz geeigneter Elektrolyte zu Rohölemulsionen neutralisiert; dadurch kommt es dann zum Zusammenfließen. Wie Hatschek[3]) zeigte, gilt dies auch für Öl/Wasseremulsionen. Bottars[4]) hat die Verwendung von Säuren zur Trennung von Öl/Wasseremulsionen patentiert.

Untersuchungen von Sherrick[5]) über die Adsorption von H˙-Ionen bei Zusatz von Säuren zu Rohölemulsionen ergaben, daß die zur vollständigen Ausscheidung des Wassers aus dem Öl notwendige H˙-Ionenkonzentration etwa 10×10^{-1} normal betrug. Zu 200 ccm der Emulsion, die 25 ccm Wasser enthielt und die sich in einem graduierten, mit eingeschliffenem Stopfen versehenen Zylinder befand, fügte er 50 ccm Säure. Nachdem der Zylinder 25 Minuten lang in einer elektrischen Schüttelmaschine geschüttelt worden war, wurde er 22 Stunden lang ruhig stehen gelassen. Es wurde dann der Prozentgehalt des Wassers in der Ölschicht bestimmt.

Sherrick erhielt viel bessere Ergebnisse bei Anwendung von Ferrichloridlösungen, aus denen das Ferriion adsorbiert wurde. Es kam hierdurch zu einer Trennung der Emulsion. Die $FeCl_3$-Lösung enthielt 66,24 g $FeCl_3$ pro 100 ccm. Zu 200 ccm der Emulsion fügte man diese Lösung und Wasser, und die Mischung wurde wie oben beschrieben geschüttelt. Bei niedrigen Ferriionenkonzentrationen verlief die Entmischung vollkommen gleichmäßig; bei höheren Konzentrationen kam es jedoch zu keiner Abscheidung der Wasserphase, es entstanden vielmehr Gele von verschiedener Beständigkeit. Es zeigte sich, daß diese

---

[1]) Clayton, in: Physics and chemistry of colloids, S. 119. (H. M. stationery office, London 1921.)
[2]) Chem. met. eng. Bd. 25, S. 187. 1921.
[3]) Kolloid-Zeitschr. Bd. 9, S. 159. 1911.
[4]) Norw. Pat. 26 667. 1916.
[5]) Journ. of industr. a. engineer. chem. Bd. 13, S. 137. 1920.

Die Entmischung.

Gele positiv geladene Teilchen enthielten; die Adsorption von Ferriionen hatte die Teilchen jenseits des Isoelektrischen Punktes geführt[1]). Die folgende Tabelle enthält die bei 25° C erhaltenen Werte:

Zugefügtes Gemisch		Spezifisches Gewicht des zugefügten Gemischs	Wassermenge in der Ölschicht nach 22 stündigem Stehen	Bemerkungen
$FeCl_3$-Lösung ccm	Wasser ccm			
2,5	48,0	—	22,0	—
5,0	45,0	—	8,0	—
7,5	42,5	—	2,0	—
10,0	40,0	1,0610	1,5	150 ccm eines schwarzen Gelees, oben mit einer reinen Ölschicht. Unbeständig
20,0	30,0	1,1213	1,5	125 ccm eines schwarzen Gelees. Unbeständig.
35,0	15,0	1,2050	0,5	180 ccm eines beständigen, steifen, schwarzen Gelees, oben reines Öl.
50,0	0,0	1,2878	0,5	

Eine gesättigte Natriumnitratlösung zerstörte die Gele augenblicklich, infolge der starken Adsorption des NO_3'-Ions. Es folgt hieraus, daß eine Ferrinitratlösung die ursprüngliche Emulsion ohne Zwischenbildung eines Gels fällen muß, da die Adsorption des Ferriions bis zu einem gewissen Grade die Wirkung des NO_3'-Ions aufhebt. Die untenstehende Tabelle erläutert die Ergebnisse, die bei gleichzeitiger Adsorption von Ferri- und Nitrationen durch die Emulsion erhalten wurden. Es schied sich eine schwammartige Masse ab, die sehr beweglich war und leicht zerstört werden konnte. Sherrick schließt, daß diese Befunde „deutlich zeigen, daß beide Ionen einen Einfluß auf die Fällung ausüben."

Emulsion ccm	Zugefügtes Gemisch		abgetrennt		Wasser in der Ölschicht %	Farbe nach 22 stündigem Stehen
	$Fe(NO_3)_3$-Lösung ccm	Wasser ccm	Lösung ccm	schwammartige Masse ccm		
200	5	45	5	0	32,0	hellbraun
200	10	40	15	70	16,0	braun
200	15	35	25	80	5,0	dunkelbraun
200	25	25	65	35	1,0	dunkelbraun
200	50	0	65	35	0,5	grünlichschwarz

Temperatur = 25°.
Ferrinitratlösung = 67,32 g $Fe(NO_3)_3$ pro 100 ccm.

Das Aussalzen von Emulsionen. In der Technik werden unerwünschte Emulsionen bisweilen entmischt durch Zusatz gewöhnlichen Salzes, das, in genügend hoher Konzentration, das um die Emulsionskügelchen

---

[1]) Siehe Ellis: Zeitschr. f. physikal. Chem. Bd. 89, S. 145. 1914.

befindliche stabilisierende Häutchen „aussalzt". Es liegen nur wenige wissenschaftliche Untersuchungen über diese Frage vor. Eine neuere Arbeit von Parsons und Wilson[1]) weist aber auf die erhaltenen Ergebnisse hin. Es wurde „Nujol" (ein gereinigtes Mineralöl) unter Konstanthaltung des Volumenverhältnisses zu 0,5 in wässerigen Na-Oleatlösungen emulgiert und NaCl, NaJ und Na_2SO_4 in verschiedenen Konzentrationen zugesetzt. Dabei zeigte sich, daß die aussalzende Wirkung, die zur Entmischung führt, abhängig ist von der Konzentration des zugesetzten Salzes und nicht von dem Verhältnis des anorganischen Salzes zum Na-Oleat. Die Tabelle auf S. 114 zeigt die Wirkung von NaCl-Zusatz auf „Nujol"-Emulsionen.

Man erhielt ähnliche Ergebnisse mit NaJ und Na_2SO_4. Die Anionen üben einen gewissen Einfluß auf die aussalzende Wirksamkeit aus, da die minimalen aussalzenden Konzentrationen in Äquivalenten ausgedrückt, für Na_2SO_4 0,24, für NaCl 0,22, für NaJ 0,18 betrugen.

Das allgemeine Prinzip, das dem „Aussalzen" von Emulsionen, wie auch der Phasenumkehr in Emulsionen (siehe S. 82) zugrunde liegt, besteht darin, daß die zugesetzte Substanz in der äußeren Phase löslich oder von ihr leichter benetzbar sein muß, damit sie die Eigenschaften des stabilisierenden Häutchens beeinflussen kann.

Parsons und Wilson[2]) hoffen, die aussalzende Wirkung von NaCl auf Emulsionen verwerten zu können, um die emulgierende Fähigkeit verschiedener Emulgatoren quantitativ zu bestimmen. Der gesuchte Wert ist die äquivalente Kochsalzkonzentration, die notwendig ist, um eine gegebene Emulsion zu entmischen. Obwohl dies nur eine willkürliche Methode zur Bestimmung der Beständigkeit ist, gab sie bei „Nujol"-Emulsionen zufriedenstellende Ergebnisse.

Kondenswasser-Emulsionen. Ein wichtiges Problem bei der Preßschmierung von Dampfturbinen ist das folgende: Wenn Dampf durch den Schieberkasten und den Zylinder einer Maschine hindurchgeht, werden kleine Teilchen des Schmieröls im Zustande sehr feiner Verteilung mitgeschleppt, und zwar sind sie so fein verteilt, daß das Öl bei der Kondensierung des Dampfes emulgiert wird. In solchen Fällen sieht das Kondenswasser milchig aus, und das eingeschlossene Öl ist in Form einer außergewöhnlich beständigen Emulsion anwesend. Die Ölkügelchen haben einen Durchmesser von 0,0006—0,00006 cm und sind negativ geladen. Philip[3]) hat darauf hingewiesen, daß Mineralöle in niedrigen Konzentrationen in destilliertem Wasser emulgiert werden können, aber nur in Abwesenheit von Elektrolyten. Wir haben auch schon hervorgehoben, daß die Emulgierbarkeit von Mineralölen be-

---

[1]) Journ. of industr. a. engineer. chem. Bd. 13, S. 1120. 1921.
[2]) l. c. S. 1121.
[3]) Journ. of the soc. chem. ind. Bd. 34, S. 697. 1915.

stimmt werden muß, bevor ihre Eignung für Schmierzwecke endgültig festgestellt werden kann.

Kondenswasseremulsionen sind insofern von großem Interesse, als mechanische, chemische und elektrische Methoden angewandt worden sind, um das Öl aus ihnen zu entfernen, da das destillierte Wasser für Kesselspeisung und für andere Zwecke, bei denen chemisch reines Wasser erforderlich ist, wertvoll ist.

Äquivalente Konzentration		Verhältnis B/A	Äußere Phase in der endgültigen Emulsion	Bemerkungen
A. Na-Oleat	B. NaCl			
0,0173	0,48	27,7	keine	entmischte sich augenblicklich
0,0200	0,40	20,0	,,	,, ,, ,,
0,0240	0,28	11,7	,,	,, ,, ,,
0,0253	0,24	9,1	,,	,, ,, ,,
0,0253	0,24	9,1	,,	,, ,, ,,
0,0259	0,22	8,5	,,	entmischte sich nach einiger Zeit
0,0259	0,22	8,5	,,	,, ,, ,, ,, ,,
0,0266	0,20	7,5	Wasser	Trennung in 2 Schichten
0,0266	0,20	7,5	,,	,, ,, 2 ,,
0,0280	0,16	5,7	,,	,, ,, 2 ,,
0,0120	0,14	11,7	,,	,, ,, 2 ,,
0,0293	0,12	4,1	,,	,, ,, 2 ,,
0,0307	0,08	2,5	,,	,, ,, 2 ,,
0,0320	0,4	1,25	,,	,, ,, 2 ,,
0,0333	—	—	,,	,, ,, 2 ,,

Von mechanischen Methoden muß an erster Stelle die Hatscheksche genannt werden[1]). Es wird hierbei die filtrierende Oberfläche irgendeines geeigneten Filters (z. B. einer Filterpresse) mit einer Calciumcarbonatschicht[2]) bedeckt, deren Dicke von der Filtrationsgeschwindigkeit pro Einheit der filtrierenden Oberfläche, von dem Prozentgehalt des emulgierten Öls und von dem bei der Filtration angewandten Druck abhängt. Durch ein solches Filter läuft klares Wasser hindurch, da das Öl an der Oberfläche der Kalkschicht zurückgehalten wird. Der für diese Filtration wesentlichste Faktor ist zweifellos nicht die Porengröße, sondern der Umstand, daß das Calciumcarbonat besser von Wasser als von Öl benetzt wird. Emulsionen vom Typus Wasser/Öl können auf ähnlich Weise zur Trennung gebracht werden, nämlich dadurch, daß man die Emulsion durch ein Filter hindurchschickt, das leichter von Öl als von Wasser benetzt wird. So läuft, wenn man eine Rohpetroleumemulsion durch pulverisierten vulkanisierten Gummi oder Eisensulfid hindurchschickt, klares Öl durch, da das Wasser an der filtrierenden Oberfläche zurückgehalten wird.

---

[1]) Journ. of the soc. chem. ind. Bd. 215, S. 125. 1910.
[2]) Eng. Pat. 26228. 1908; siehe auch Trumble: U. S.-Pat. 1 304 124. 1919.

Die Hatscheksche Methode ist von chemischen und elektrischen „Entölungs"verfahren ersetzt worden. Man macht hierbei von der Tatsache Gebrauch, daß die Ölkügelchen negativ geladen sind und daher durch Zusatz eines geeigneten Elektrolyten mit hochwertigem Kation zum Zusammenfließen gebracht werden können. Man verwendet gewöhnlich käufliches Aluminiumsulfat[1]). Dieses Salz enthält durchschnittlich 53% $Al_2(SO_4)_3$, das 16% Al_2O_3 äquivalent ist. Man läßt es zusammen mit Natriumcarbonat oder Ätznatron zum Kondenswasser zufließen. Es kommt hierbei zur Bildung eines gelatinösen Niederschlages von $Al_2O_3 \cdot (H_2O)_n$, das sich mit den Ölkügelchen verbindet, so daß diese jetzt leicht abfiltriert werden können. Die Alkalimenge muß vorsichtig reguliert werden, um Wiederauflösung des Niederschlages zu vermeiden[2]).

Andere Arten technischer Emulsionen werden durch Anwendung von Elektrolyten, wie z. B. HCl, $H_2SO_4 \cdot AlCl_3$, Cu_2Cl_2, $BaCl_2$ usw., zerlegt. Die Elektrolytkonzentration ist derjenige Faktor, der hierbei von wesentlicher Bedeutung ist.

Die verschiedenen elektrischen Methoden zur „Entölung" von Kondenswasser beruhen auf dem Prinzip der Kataphorese oder auf einem kombinierten elektrochemischen Prinzip. Ein typisches Beispiel für die erste Methode ist die von Dijxhoom[3]) vorgeschlagene: die Emulsion wird bei ihrem Durchgang durch die Speisewasserleitung einer Spannung von 110 Volt ausgesetzt. Das Davis-Perrett-Verfahren[4]) ist ein sehr gutes Beispiel für eine elektrochemische „Entölungs"methode. Das Kondenswasser wird im Zickzack zwischen Eisen- oder Stahlelektroden, die sich in einem hölzernen Behälter befinden, hindurchgeschickt und gleichzeitig dem Einfluß eines elektrischen Stromes unterworfen. Von der Anode wird Eisen abgeschieden, das die Ölkügelchen einhüllt, die dann unter Bildung rostfarbener Flocken zusammenfließen. Diese können durch Filtration leicht entfernt werden; es bleibt klares, praktisch chemisch reines Wasser zurück. Durch passende Anordnung der Elektroden brauchen die neuesten Anlagen nur 100 Watt, um 1000 l kondensierten Dampfes zu entölen. Die Anlage ist einfach, die „Entölung" dauert nur kurze Zeit, und der kondensierte Dampf kann bei beliebig hoher Temperatur behandelt werden (siehe Abb. 17).

Paul[5]) erwähnt eine milchige Emulsion von kondensiertem Dampf, die 0,24 g Öl pro Liter enthielt. Nach der elektrochemischen Behandlung war sie ganz klar. Die Analyse des öligen Niederschlags ergab: Eisen-

---

[1]) Jackson: Boiler Feed Water (London, 1919) S. 55; Paul: Boiler Chemistry and Feed Water Supplies (London, 1919) S. 189.

[2]) Siehe Gail u. Adam: Brit. Pat. 161 942. 1921.

[3]) Le Papier Bd. 22, S. 53. 1919; siehe Fanto u. Stritar: Journ. f. prakt. Chem. Bd. 81, S. 564. 1910.

[4]) U. S.-Pat. 7 83107. 1905; u. Eng. Pat. 10 874. 1902; 8175. 1903; 26 577. 1908.

[5]) l. c. S. 192.

hydroxyd = 43,58%, Öl = 54,52%, Wasser = 1,6%. Das Eisenhydroxyd umhüllte in diesem Falle eine Ölmenge, die etwa 1 und $1\frac{1}{4}$ mal schwerer als es selbst war; es entspricht dies $2\frac{1}{2}$ mal dem Gewicht des von der Anode abgeschiedenen Eisens[1]).

Die Trennung von Emulsionen durch Zentrifugieren. Emulsionen vom Typus Öl/Wasser wie Wasser/Öl können durch geeignetes Zentrifugieren in Öl und Wasser zerlegt werden. Es beruht dies auf dem Unterschied des spezifischen Gewichts der beiden Phasen. In Wirklichkeit handelt es sich um ein Absetzen unter Einwirkung der Schwerkraft, die beim Zentrifugieren in hohem Maße verstärkt wird.

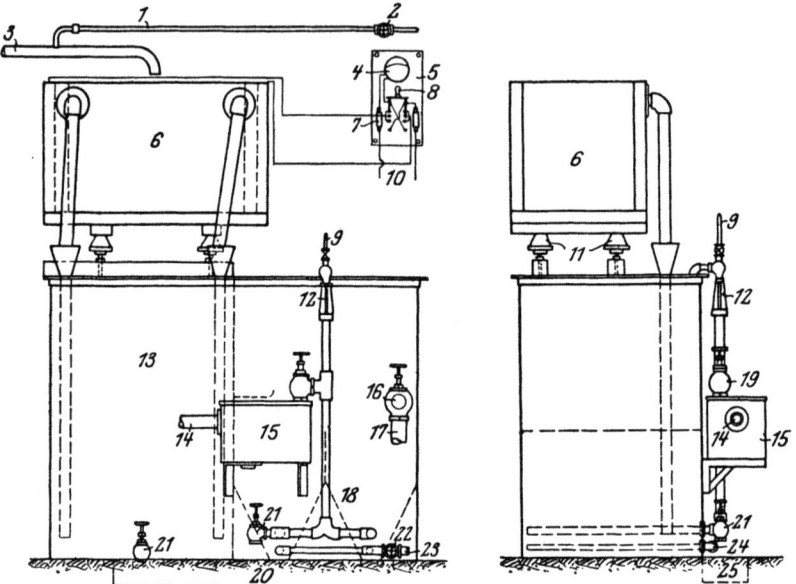

Abb. 17. Davis-Perrett-Entölungsanlage (mit nichtautomatischem Filter): *1* Wasserzufluß, *2* Hahn in der Nähe der Schalttafel, *3* Luftpumpe, Ausflußrohr, *4* Amperemeter, *5* Schalttafel (kann beliebig angebracht werden), *6* Strombehandlungsbehälter, *7* Sicherung, *8* Umschalter, *9* Dampfrohr, *10* Hauptleitungen, *11* Isolatoren, *12* Luftinjektor, *13* Holzwollschicht des Filters, *14* Frischwasserausfluß zum Heißwasserbehälter, *15* Beobachtungsgefäß, *16* Auswaschventil, *17* Zum Abfluß, *18* Sandschicht des Filters, *19* Filterausflußventil, *20* Abflußkanal, *21* Schlammventil, *22* Spülwasserventil, *23* Hauptwasserleitung, *24* Spülwasserrohr.

Die disperse Phase bewegt sich durch das Dispersionsmittel mit einer Geschwindigkeit hindurch, die von den folgenden Faktoren beeinflußt wird: 1. der ausgeübten Zentrifugalkraft, 2. der Viscosität des Dispersionsmittels, 3. dem Unterschied in dem spezifischen Gewicht der beiden Phasen, 4. dem Verhältnis zwischen Masse und Oberflächenausdehnung

---

[1]) Siehe auch Goodwin u. Ellis: Chem. Zeitung Bd. 81, S. 724. 1910.

der Kügelchen, 5. der Temperatur, 6. der chemischen Beschaffenheit der Phasen[1]).

Das Stokessche Gesetz für die konstante Fallgeschwindigkeit einer kleinen Kugel in einer Flüssigkeit wird durch folgende Formel wiedergegeben:
$$V = \frac{2r^2(s-s') \cdot g}{9\eta}.$$

Hier ist r der Radius der Kügelchen, s das spezifische Gewicht der dispersen Phase, s' das spezifische Gewicht und η die Zähigkeit des Dispersionsmittels, g ist die Gravitationskonstante. Aus dieser Formel geht deutlich hervor, daß, obwohl der Unterschied im spezifischen Gewicht wichtig ist, seine Bedeutung sich schnell vermindert, wenn der Durchmesser des Teilchens genügend verkleinert wird, da die Fallgeschwindigkeit dem Quadrat des Radius proportional ist. Sind die Kügelchen sehr klein und ist der Unterschied zwischen dem spezifischen Gewicht des Öls und des Wassers nur gering, so können die Emulsionen sehr beständig sein. Bisweilen widerstehen sie sogar der Trennung durch Zentrifugieren. Andere Faktoren sind hier von ausschlaggebendem Einfluß, so z. B. die elektrische Abstoßung, die Grenzflächenspannung und die Brownsche Molekularbewegung.

Im allgemeinen kann man technische Emulsionen immer durch Zentrifugieren zur Trennung bringen, da die emulgierten Teilchen hierzu groß genug sind. Häufig muß man in erster Linie die Viscosität des Dispersionsmittels berücksichtigen und beständigere Emulsionen müssen unter Umständen erwärmt werden, bevor man sie zentrifugieren kann. Bevor man zur Trennung durch Zentrifugieren schreitet, muß man bisweilen ein teilweises Zusammenfließen auf chemischem oder elektrischem Wege herbeiführen.

Es gibt seit etwa 1850 Separatoren, die auf dem Prinzip der Zentrifugalkraft beruhen. Der erste kontinuierliche Zentrifugalseparator ist aber 1878 von Gustaf de Laval erfunden worden, der sie für die Abscheidung der Sahne aus der Milch verwandte. Da die moderne de Laval-Maschine sehr leistungsfähig ist und in zahlreichen Industrien angewandt wird, so soll sie als typisches Beispiel für einen Zentrifugalseparator ausführlicher beschrieben werden. Als Spezialfall sei ihre Verwendung für die Abscheidung von Sahne betrachtet[2]).

Der wesentliche Teil der Maschine ist die Trommel, die mit großer Geschwindigkeit gedreht werden kann. Sie enthält eine Reihe runder, geneigter, konisch gebogener Tellereinsätze aus Stahl, die übereinander-

---
[1]) Siehe Ayres: Journ. of the soc. chem. ind. Bd. 35, S. 676. 1916; Chem. met. eng. Bd. 14, S. 500. 1916; u. Journ. of industr. a. engineer. chem. Bd. 13, S. 1011. 1921.
[2]) Siehe O. Hunziker: The butter industry S. 70. (1920); Stocking, W. A.: Manual of milk products S. 229. 1917.

gelagert und durch dünne Rippen in kleinen Abständen gehalten werden. Die Milch wird durch einen Verteiler, der sich in der Mittelwelle befindet, in die Mitte der Trommel eingefüllt und gelangt durch tangentiale, in der Wand der Welle befindliche Schlitze in Rinnen. Sie fließt jetzt aus den unteren Enden dieser Rinnen (die über den Sahnenring hinausragen) und gelangt in die neutrale Zone, das ist der Raum, der von den Tellereinsätzen eingenommen wird. Sie gelangt

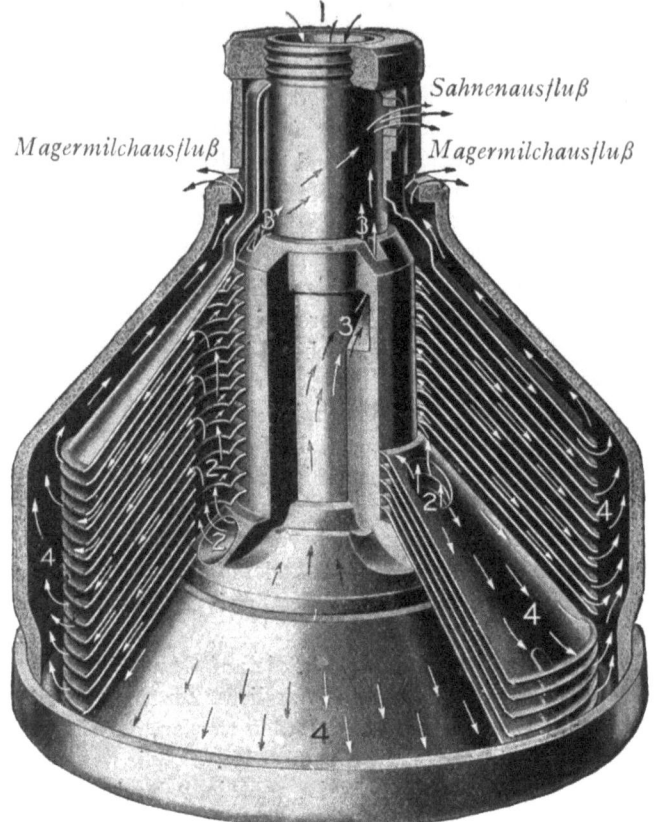

Abb. 18. Querschnitt eines de Laval-Separators.

hierbei nach oben in die verschiedenen Tellereinsätze hinein, in dem sie durch eine Reihe von Öffnungen hindurchgeht, die sich in den Tellereinsätzen genau über den Ausflußöffnungen des Verteilers befinden. Hierdurch gelingt es, die zufließende Milch in die Tellereinsätze, in denen die Trennung stattfindet, zu bringen, ohne mit dem Sahnenring in Berührung zu kommen oder die zufließende Milch mit der schon abgeschiedenen Sahne zu vermischen. Die Trennung findet dann in den Tellereinsätzen statt. Die Sahnenteilchen bewegen sich zur Mitte hin; sie bilden hierbei den um die Mittelwelle und um den Verteiler befindlichen Sahnenring und steigen nach oben zu der Ausflußöffnung für die Sahne, wo sie nach außen fließen. Die Magermilch bewegt sich nach außen, gelangt über die Tellereinsätze hinaus und wird längs der Wand der Trommel zu den Magermilchausflußöffnungen geführt, wo sie ebenfalls ausfließt. (Siehe Abb. 18.)

Man kann zeigen[1]), daß die Zeit, die ein Kügelchen vom Radius r braucht, um unter dem Einfluß der Zentrifugalkraft einen bestimmten Weg zurückzulegen, proportional ist der Quadratwurzel aus der dritten Potenz des Radius, das heißt $r^{\frac{3}{2}}$. Da die Anzahl Liter der Emulsion (Milch), die pro Stunde vom Separator verarbeitet werden, umgekehrt proportional der Zeit sind, so folgt, daß es für jeden gegebenen Radius der Kügelchen einen kritischen Wert gibt, bei dem seine gegen den Milchstrom gerichtete Geschwindigkeit gleich der Geschwindigkeit des Stromes selbst sein wird, so daß Kügelchen mit kleinerem Radius mit dem Strom oder mit der entrahmten Milch nach außen gelangen. Der Fettgehalt der entrahmten Milch ist proportional der Kubikwurzel aus dem Quadrat der pro Stunde verarbeiteten Anzahl Liter.

Die zur Abtrennung von Sahne verwandten Zentrifugen haben gewöhnlich 6000 Touren pro Minute. Die Intensität der Zentrifugalkraft ist direkt proportional dem Volumen des Inhaltes der Trommel, dem Trommeldurchmesser und dem Quadrat der Umdrehungsgeschwindigkeit[2]). Das Verhältnis von Sahne zur entrahmten Milch hängt unter normalen Bedingungen von den relativen Entfernungen ihrer Ausflußöffnungen von der Mitte der Trommel ab. Ein wichtiger Faktor bei der Abscheidung von Sahne ist die „Kapazität" des Separators, das heißt die Menge Milch, die pro Stunde verarbeitet werden kann. Es liegt auf der Hand, daß die Kapazität abhängig ist von der Zentrifugalkraft und der Geschwindigkeit, mit der die Milch zufließt. Jede Überschreitung der optimalen Kapazität wird die Leistungsfähigkeit des Separators herabsetzen, da die Milch dann kürzere Zeit zentrifugiert wird. Dies bedeutet einen Verlust an Butterfett, das mit der entrahmten Milch weggeführt wird. Die Zuflußgeschwindigkeit der Milch muß genau reguliert werden. Wird sie unter den normalen Wert herabgesetzt, so führt dies nicht zu erhöhter Leistungsfähigkeit; es wird nur die zur Trennung erforderliche Zeit verlängert[3]).

Andere Faktoren, die das Zentrifugieren der Milch beeinflussen, sind die Temperatur und der Gehalt der Vollmilch. Die Sahne wird

---

[1]) Richmond: Dairy chemistry S. 255. (1914).
[2]) Siehe Lamson: A study of farm separators Thesis. Purdue. Univ. U. S. A. 1918.
[3]) Hunziker: Purdue agric. Expt. statn., Bull. 116. 1906.

gewöhnlich bei 29°—35° C von der Milch getrennt. Bei niedrigen Temperaturen nimmt die Viscosität der Milch zu, und es findet eine Einwirkung auf die Fettkügelchen infolge des größeren Widerstandes statt. Obwohl die Sahne infolge des langsameren Hindurchwanderns der Milch durch die Maschine gehaltvoller ist, ist der Verlust größer, da die entrahmte Milch mehr Fett als gewöhnlich enthält. Bei etwa 20° C wird der Gang der Maschine schwerer, da die Viscosität sehr hoch ist und die Milch und Sahne anfangen, verbuttert zu werden.

Wichtig ist ferner die Qualität der Milch. Je mehr Butterfett sie enthält, desto gehaltvoller ist die Sahne und desto größer ist der Verlust in der entrahmten Milch. Als Anhaltspunkt kann gelten, daß der Prozentgehalt an Butterfett in der Sahne dem Fettgehalt der Vollmilch proportional ist[1]). Milch, die Verunreinigungen enthält, oder die anfängt, sauer zu werden und zu gerinnen, vermindert die Entrahmungswirkung, da sich schleimartige Massen in der Maschine abscheiden, die das Hindurchwandern der Sahne und der Milch behindern und zu großen Fettverlusten führen.

Rohölemulsionen liefern ein weiteres interessantes Beispiel für die technische Anwendung der Zentrifugalseparatoren. In vielen amerikanischen Ölvorkommen zieht man heute noch diese Trennungsmethode der elektrischen Entwässerung vor. Ayres[2]) hat darauf hingewiesen, daß die auf der Zentrifugalkraft beruhende Trennung gegenüber dem auf der einfachen Schwerkraft beruhenden Absetzen zwei einander ähnliche Vorteile besitzt. Erstens „wird, falls die Zentrifugalkraft 15 000—18 000 mal größer als die Schwerkraft ist, das auf der Schwerkraft beruhende Absetzen 15 000—18 000 mal so lange dauern wie die auf der Zentrifugalkraft beruhende Trennung. Bei den Emulsionen, die in Kansas, Oklahoma und in manchen Teilen von Texas vorkommen, muß man eine Kraft von dieser Größenordnung anwenden, um in 6—18 Sekunden das Absetzen einer 1 Zoll hohen Schicht herbeizuführen. Die entsprechenden Zahlen für das Absetzen durch die Schwerkraft sind 24 Stunden bis 3 Tage." Der zweite Vorteil besteht darin, daß man infolge der sehr starken Verkürzung der Absetzungszeit eine Emulsion während einer so kurzen Zeitdauer ohne zu große Unkosten erhitzen kann, wodurch das Zusammenfließen bei der höheren Temperatur so verstärkt wird, daß man das gesamte Wasser als eine homogene Phase erhält. Anstatt die ursprüngliche Emulsion zu erhitzen, zentrifugiert man sie bisweilen zuerst bei gewöhnlicher Temperatur; dann wird die herausfließende Emulsion (die konzentrierter ist) erhitzt, um Zusammenfließen herbeizuführen, bevor man weiter zentrifugiert.

---

[1]) Siehe Guthrie: Cornell Univ. agric. statn., Bull. 360. 1915.
[2]) Journ. of industr. a. engineer. chem. Bd. 13, S. 1011. 1921; siehe auch Chem. met eng. Bd. 22, S. 1057. 1920.

Es ist übrigens interessant, daß beim Zentrifugieren kolloider Suspensionen von Eisen- und Aluminiumhydroxyd durch den anfänglichen Anprall des Kolloids auf die sich rasch drehende Trommel die Größe der Teilchen so weit herabgesetzt werden kann, daß die zur Trennung notwendige Zeit bedeutend verlängert wird. Ayres[1]) erwähnt einen Zaponlack, der feine flockige Verunreinigungen von Cellulose enthielt, und der sich nach längerem Stehen einfach infolge der Schwerkraft „klärte". Es war unmöglich, durch Zentrifugieren eine Trennung herbeizuführen, da die Celluloseflocken zu unbeständig waren und zu leicht zerstört wurden.

Man hat vor kurzem die Überzentrifuge auf den Ölfeldern eingeführt[2]). Ein Rahmen trägt eine kleine schnell laufende Turbine, die eine senkrechte Achse und ein konisches Lager hat, das auf einem Kugellager ruht. Die Trommel hat einen Durchmesser von etwa 4,5 Zoll und ist an der Turbine mittels einer senkrechten Achse oder einer Spindel aufgehangen. Hierdurch erzielt man direkte Kraftübertragung. Die Trommel besteht aus Spezialstahl. Besondere Vorrichtungen gewährleisten die Innehaltung der richtigen Stellung während einer Rotation von etwa 17 000 Touren pro Minute. Neben dem Vorteil größerer Geschwindigkeit und größerer Zentrifugalkraft ermöglicht die Überzentrifuge infolge ihrer länglichen Trommel eine längere Einwirkung der Zentrifugalkraft auf die Emulsionsteilchen. Die auf 43—82° C vorgewärmten Emulsionen werden unter Eigendruck aus 10 m Höhe in den Separator eingelassen. Zuerst läßt man die Trommel langsam an, gibt dann Salzwasser hinein, bis die volle Umdrehungsgeschwindigkeit erreicht ist, und läßt dann die Emulsion kontinuierlich zulaufen. Man kann etwa 100—200 Fässer entwässerten Öls mit Hilfe einer Maschine in 24 Stunden erhalten Sogar „bottom settlings" (Bodensätze), die 70—80% Wasser enthalten, können so weitgehend entwässert werden, daß das Öl nur noch 0,5% Wasser enthält.

Wärmebehandlung. In gewissen Fällen werden Rohölemulsionen durch Erwärmen entmischt; dies ist besonders bei Bodensätzen der Fall. Die niedrigere Viscosität einer erwärmten Emulsion erleichtert die Trennung, man muß aber darauf achten, keine wertvollen flüchtigen Bestandteile dabei zu verlieren. Eine geeignete Methode besteht in der Anwendung einer unter Wasser befindlichen Frischdampfschlange. Die Emulsion wird auf das Wasser geschichtet und durch Konvektionsströme auf 50—70° C erhitzt. Man verwendet oft eine Batterie von 5 Kesseln. Die erwärmte Emulsion fließt vom ersten Kessel in den zweiten, wird dort weiter erwärmt und fließt dann in den dritten. Der vierte und fünfte Kessel dienen als Speicherbehälter, in denen Absetzen stattfindet. Das

---

[1]) Journ. of the soc. chem. ind. Bd. 35, S. 676. 1916.
[2]) Siehe Born: Journ. of industr. a. engineer. chem. Bd. 13, S. 1013. 1921; siehe Keable: Journ. oil colour chemists' assoc. Bd. 5, S. 2. 1922.

Wasser (das Salze enthält) wird von Zeit zu Zeit abgelassen, wodurch ein kontinuierlicher Betrieb während mehrerer Monate ermöglicht wird.

Bisweilen werden die Emulsionen mit Hilfe einer „topping Anlage", die eine Dampfdestillation bei 175—260° C in sich schließt, entmischt. Das Wasser entweicht mit den flüchtigen Ölen und kann durch Kondensierung leicht abgeschieden werden. Diese Methode eignet sich besonders für schwere Öle und wird in Kalifornien weitgehend angewandt. Eine ähnliche Idee liegt dem Krause-Verfahren[1]) zugrunde, bei dem die Emulsion in eine sich bewegende Masse von Luft, Gas oder Dampf aufgeteilt wird, die in Wirbeln nach derselben Richtung fortbewegt wird. Auf die Kondensierung folgt sofort die Trennung von Öl und Wasser. Wiggins[2]) und Buck[3]) haben die Verlustfrage bei den Apparaten, die Emulsionen mit Hilfe der Wärme entwässern, diskutiert.

Kammann und Keim[4]) erwähnen in einer Besprechung verschiedener „Entölungsmethoden", daß die Abfallprodukte der Ölraffinerie durch Erwärmen unter Druck beinahe gänzlich in Öl und Wasser getrennt werden können. Man muß hierbei 4—5 Atmosphären anwenden.

Nach Pilat und Piotrowski[5]) können Rohpetroleumemulsionen durch Erwärmen mit Dampf bei etwa $3-3^1/_2$ Atmosphären (120° bis 130° C) entmischt werden. Je größer der Druck, desto schneller die Trennung. Eine ähnliche Anordnung wird von Koetschau[6]) empfohlen.

Man kann durch Zentrifugieren gegen erwärmte Platten trockenes Öl erhalten[7]); es tritt hierbei sofortige Verdunstung ein.

Ebenso wie Erhitzen in der Technik angewandt wird, um gewisse Emulsionen zu entmischen, so hat man auch Ausfrieren als ein Mittel angegeben, um beständige Emulsionen zu entmischen. Es liegen aber nur wenige praktische Untersuchungen hierüber vor. Newman[8]) ließ eine beständige homogene Emulsion, die 95 Volumenprozent Benzol in einer verdünnten Na-Oleatlösung enthielt, gefrieren. Beim Auftauen entmischte sich die Emulsion und konnte durch Schütteln nicht wiederhergestellt werden. Das Entmischen der Emulsionen ist wahrscheinlich auf das Zerreißen der um die Benzolkügelchen befindlichen Seifenhüllen zurückzuführen. Die Irreversibilität ist aber vielleicht nur eine scheinbare und beruht auf dem sehr langsamem Sichwiederauflösen des koagulierten Natriumoleats im Wasser.

---

[1]) Holl. Pat. 2960. 1919.
[2]) Nat. petroleum news Bd. 13, (26), S. 59. 1921.
[3]) Oil and gas journ. Bd. 20, S. 80. 1921.
[4]) Gesund. Ing. Bd. 43, S. 245. 1920.
[5]) Petroleum Bd. 13, S. 1045. 1918.
[6]) Zeitschr. f. angew. Chem. Bd. 32, S. 45. 1919.
[7]) D. R. P. 273 100. 1909.
[8]) Journ. phys. chem. Bd. 18, S. 45. 1914.

Nachtrag.

Neuere Untersuchungen über Emulsionen.

Das wichtigste Ergebnis der Untersuchungen der letzten $1\frac{1}{2}$ Jahre ist die Feststellung, daß in Fällen, in denen der Emulgator ein feinverteilter fester Körper, der wesentliche die Emulsionsart bestimmende Faktor die Größe des Randwinkels zwischen der Grenzfläche flüssig-flüssig und den Seiten der festen Teilchen ist. Man kommt jetzt sichtlich einer gut begründeten allgemeinen Theorie der Emulsionen und der Emulgierung näher. Weitere wichtige Arbeiten beschäftigen sich mit der Frage der Adsorption an der Grenzfläche flüssig/flüssig, mit dem Wesen des adsorbierten Häutchens und mit der Umkehrung von Emulsionen.

Randwinkel. Zwei verschiedene Forscherpaare haben unabhängig voneinander die oben erwähnte Rolle des Randwinkels in Erwägung gezogen. Ramsden und Brooks teilten ihre diesbezüglichen Versuche zuerst ausführlich mit im physikalisch-chemischen Colloquium der Universität Liverpool im Februar 1923, später in der „British Association" im September desselben Jahres. Es sei hier ein Auszug ihrer Mitteilung nach „Nature" zitiert: „Ramsden und Brooks zeigten, daß die Grenzflächen zwischen Wasser und Benzol oder zwischen Wasser und Paraffin in Gegenwart verschiedener löslicher fester Emulgatoren bisweilen beweglich, bisweilen starr waren. Das Vorhandensein solcher Beweglichkeit zeigt, daß Bancrofts Theorie, nach der die Stabilisierung von Emulsionen zustande kommen soll, durch eine zusammenhängende emulgierende Hülle, die an ihren beiden Flächen zwei verschiedene Oberflächenspannungen hat, wesentlich modifiziert werden muß. Besteht die emulgierende Substanz aus einem unlöslichen festen Körper in feiner Suspension, so ist der Randwinkel zwischen der Grenzfläche flüssig-flüssig und den Seiten der einzelnen festen Teilchen der wesentliche Faktor, von dem es abhängt, welche der beiden Flüssigkeiten in der anderen dispergiert wird. Es wurden Methoden beschrieben, mit denen man feststellen kann, in welcher der beiden Flüssigkeiten der Randwinkel stumpf ist. Man fand stets, daß diese Flüssigkeit in der anderen dispergiert wird."[1]

---

[1] Nature Bd. 112, S. 671. 1923.

Hildebrand, Draper und Finkel trugen dieselben Anschauungen auf dem „1st National American Symposium on Colloid Chemistry" im Juni 1923 vor, gaben aber keine experimentellen Belege. Die folgenden Sätze sind ihrem im Dezember 1923 veröffentlichten Berichte entnommen: „Die durch ein festes Pulver hervorgerufene Emulsionsart wird durch den Randwinkel zwischen Grenzfläche und festem Körper bestimmt. Damit das Pulver in der Grenzfläche bleiben kann, muß der Winkel von bestimmter Größe sein; falls der Winkel nicht 90° beträgt, wird die Grenzfläche sich auf der einen oder anderen Seite der Berührungspunkte der Teilchen befinden. Infolge seiner Spannung wird das Häutchen auf jener Seite konkav sein."[1])

Im Zusammenhang mit Untersuchungen über Randwinkel und Grenzflächenspannungsgleichgewichte muß eine neuere ausgezeichnete Arbeit von Coghill und Anderson[2]) erwähnt werden.

Hildebrand und seine Mitarbeiter[3]) haben auch eine neue Emulgierungstheorie, die sich auf Seifen als Emulgatoren bezieht, vorgeschlagen. Sie beruht auf der Theorie der in der Grenzfläche gerichteten Seifenmoleküle und setzt die Krümmung des aus dem Emulgator bestehenden Häutchens mit den Atomdurchmessern der Metalle in Beziehung.

Es sei Wasser und eine Flüssigkeit von geringer Polarität wie Benzol betrachtet. Jede Seife wird an der Grenzfläche adsorbiert werden unter Bildung eines Häutchens, das an der Wasserseite konvex ist, vorausgesetzt, daß die im Wasser befindliche polare Gruppe mehr Raum in Anspruch nimmt als die möglichst eng zusammengedrängte Kohlenwasserstoffkette. Die Richtung und Größe der Krümmung müßte sich ändern a) mit dem Volumen des Metalls, und zwar ist sie um so konvexer, je größer dieses Volumen; b) mit der Wertigkeit, d. h. mit der Anzahl Kohlenwasserstoffketten, die an einem einzelnen Metallatom gebunden sind. Dort wo der Querschnitt der Kohlenwasserstoffkette und des metallischen Endes gleich groß sind, wird keine Neigung zu Krümmung vorhanden sein. Es wird, trotz der immer noch möglichen starken Adsorption an der Grenzfläche, keine sehr beständige Emulsion entstehen.

Die Atomvolumina einer Reihe von Metallen betragen nach Hildebrand: Cs 70,6, K 45,3, Na 22,9, Ag 10,3, Ca 12,6, Mg 7,0, Zn 4,6, Al 3,4, Fe 2,3.

Theoretisch sollte die Fähigkeit der Cs-, K-, Na- und Ag-Seifen, Öl in Wasser zu emulgieren, in dieser Reihenfolge abnehmen, die

---

[1]) Journ. of the Americ. chem. soc. Bd. 45, S. 2780. 1923; First National American Colloid-Symposium 1923, S. 196.
[2]) U. S. Bur. of Mines, Tech. Paper 262, S. 54. 1923.
[3]) l. c.

Fähigkeit der Ca-, Mg-, Zn-, Al- und Fe-Seifen, Wasser in Öl zu emulgieren, in der genannten Reihenfolge zunehmen. Diese Annahme konnte experimentell bestätigt werden.

Die Hildebrandsche Theorie ist naturgemäß auf Seifen beschränkt. Es ist fraglich, inwieweit sie zu einer allgemeinen Theorie der Emulgierung erweitert werden kann. Sie ist selbst bei Seifen mehr oder weniger qualitativer Natur und muß noch in quantitativer Hinsicht systematisch untersucht werden. So müßte man z. B. Emulsionen von Benzol und Wasser, die mit verschiedenen Emulgatoren hergestellt wurden, homogenisieren, um gleich große Kügelchen zu erhalten und mit diesen Emulsionen Untersuchungen anstellen über den Zusammenhang zwischen der Emulsionsart und der Größe der Adsorption der verschiedenen Seifen und ihre Beeinflussung 1. durch den Durchmesser der Kügelchen, 2. durch die Ausdehnung der Grenzfläche, 3. durch die anfängliche Seifenkonzentration. Man müßte auch die Beständigkeit der Emulsionen quantitativ untersuchen.

Grenzflächenhäutchen. In diesem Zusammenhange muß auf eine wichtige Arbeit von Wilson und Fries[1]) näher eingegangen werden. Sie untersuchten die Häutchenbildung an der Grenzfläche Luft/Flüssigkeit und Öl/Flüssigkeit bei Anwendung von Natriumoleat und Natriumstearat, Quillaja saponaria und käuflichem, mit NaOH neutralisierten Türkischrotöl. Sie benutzten einen Torsionspendelapparat, um die oberflächliche Viscosität der Häutchen zu messen. Man erzielte verschiedene Scherspannungen durch allmähliches Kleinerwerdenlassen der Schwingungsamplituden.

Die mit wässerigen Na-Stearatlösungen erhaltenen Befunde zeigten 1. daß die Oberflächenhäutchen selbst in einer Verdünnung des Natriumstearats von 1:100000 plastische feste Körper und nicht viscöse Flüssigkeiten sind; 2. daß ein Zeitfaktor bei der Häutchenbildung eine Rolle spielt und 3. daß bei höheren Seifenkonzentrationen die Häutchen rascher gebildet und mit der Zeit kräftiger als die gewöhnlichen Häutchen werden.

Beim Na-Oleat wurde eine deutliche Adsorption an der Grenzfläche Luft/Flüssigkeit beobachtet. Die Bildung eines plastischen festen Häutchens konnte man aber nur in konzentrierteren Lösungen (die stärker als 1:5000 waren) nachweisen. Saponin zeigte eine viel stärkere Neigung zu Häutchenbildung. Das allmähliche Anwachsen der Oberflächenhäutchen wurde mit Hilfe einer ultramikroskopischen Methode beobachtet. Die endgültige Dicke der mit den verschiedenen Lösungen erhaltenen Häutchen bewegte sich zwischen 10 und 40 μ. Es handelt sich hierbei im wesentlichen um ein kolloidchemisches Phänomen.

---

[1]) First National American Colloid-Symposium 1923, S. 145.

Man beobachtete dieselbe Neigung zur Bildung von Häutchen an der Grenzfläche flüssig-flüssig. Für das Zustandekommen solcher Häutchen scheinen aber viel höhere Konzentrationen als für Oberflächenhäutchen erforderlich zu sein. Beigefügte Photogramme zeigen beständige, deformierte Ölkügelchen, die auf das Vorhandensein von ziemlich beträchtlichen, durch plastische feste Körper bedingten Kräften hinweisen. Dies war besonders der Fall, wenn Saponin als Emulgator benutzt wurde. Ramsden hatte im Jahre 1913 diese Erscheinung ebenfalls beschrieben.

Von Langmuirs Anschauungen über die Richtung der Moleküle und über monomolekulare Häutchen ausgehend, haben sich zwei neuere Arbeiten mit der Frage der Seifenhäutchen in Emulsionssystemen beschäftigt.

Griffin[1]), der mit Emulsionen von Kerosin in wässerigen Lösungen von Alkali-Oleat, -Stearat und -Palmitat arbeitete, bestimmte die in der Grenzfläche adsorbierte Seifenmenge und die Anzahl der in der Volumeneinheit dispergierten Kügelchen. Hieraus berechnete er die Größe der Grenzfläche und den Querschnitt der Seifenmoleküle in der Grenzfläche. Die Ergebnisse stimmen gut überein mit den von Langmuir an Oberflächenhäutchen für die entsprechenden Fettsäuren gefundenen Werten. Hiernach soll das Seifenhäutchen an der Grenzfläche ein Molekül dick sein.

Durchschnittlich nahm jedes Na-Oleat-, K-Stearat- und K-Palmitatmolekül eine Fläche ein, die 48, 27 bzw. $30 \cdot 10^{-16}$ cm² groß war. Langmuirs Werte für die entsprechenden Fettsäuren in Oberflächenhäutchen sind 46, 22 bzw. $21 \cdot 10^{-16}$ cm².

Nach Griffin ist die Adsorption bei Vorhandensein einer gewissen minimalen Seifenkonzentration in der ursprünglichen wässerigen Lösung unabhängig von der Konzentration der Seifenlösung. Die Ergebnisse anderer Untersucher weisen jedoch darauf hin, daß die Adsorption eine Funktion der Seifenkonzentration ist.

Es sei an dieser Stelle darauf hingewiesen, daß man nicht zu großes Gewicht auf monomolekulare Häutchen legen sollte. Adsorbierte Grenzflächenhäutchen brauchen, obwohl von monomolekularer Dicke, noch nicht „gesättigt" oder „vollständig" zu sein. Viele Befunde lassen sich mit der Auffassung einer fortschreitenden Adsorption, die zur Bildung von mehreren Molekülagen dicken Häutchen führt[2]), vereinen. Donnan[3]) und auch Freundlich[4]) haben sich mit dieser Frage be-

---

[1]) Journ. of the Americ. chem. soc. Bd. 45, S. 1648. 1923.
[2]) Siehe Nugent: Trans. Faraday Soc. Bd. 17, S. 703. 1922; siehe auch Wilson u. Fries: l. c.
[3]) Brit. Assoc. Annual Report 1923, S. 67.
[4]) „Kapillarchemie" 1922, S. 419 ff.

schäftigt. Ersterer äußerte die Ansicht, daß monomolekulare Häutchen vielleicht durch Adsorption stark polarer Moleküle gebildet werden. Die starken, lokalisierten Kraftfelder dürften ausreichen, um eine kräftige Anziehung und Richtung und eine beinahe vollständige Sättigung der „Streufelder" der Oberflächenmoleküle in der adsorbierenden Oberfläche herbeizuführen. Moleküle mit schwächeren oder mehr symmetrischen Kraftfeldern dürften relativ wenig gerichtet sein und das Anziehungsfeld der Moleküle in der adsorbierenden Oberfläche dürfte sich durch die Schichten des mehrere Moleküllagen dicken adsorbierten Häutchens hindurch erstrecken. Die ganze Frage muß noch weiter untersucht werden. So wird man beispielsweise noch mehr in Erfahrung bringen müssen über die Kräfte, die zwischen Molekülen, Atomen und Elektronen vorhanden sind.

Van der Meulen und Rieman[1]) haben das Verhalten von monomolekularen Na-Ricinoleathäutchen in Emulsionen untersucht. Sie hatten sich die Bestimmung der durchschnittlichen Größe der von einem Na-Ricinoleatmolekül bedeckten Grenzfläche zur Aufgabe gemacht, und zwar arbeiteten sie mit Emulsionen eines Phenol-Toluolgemisches in Wasser. Wurde unter praktisch Konstanterhaltung des Verhältnisses von innerer zu äußerer Phase (1: 54) die Seifenkonzentration in der äußeren Phase variiert, so fanden van der Meulen und Rieman durch Analysieren der Gesamtseifenmenge, der Emulsion und der äußeren Phase nach dem Zentrifugieren, daß die durchschnittliche Größe der von einem Na-Ricinoleatmolekül bedeckten Grenzfläche eine Funktion der Seifenkonzentration in der äußeren Phase ist. Sie erhielten folgende Werte:

Versuch	Verhältnis $\frac{g \text{ Seife}}{g \text{ äußere Phase}}$	Durchmesser der Kügelchen μ	Seife in der Grenzfläche %	Durchschnittliche Fläche pro Seifenmolekül $Å^2$
1	0,0124	1,336	1,734	39,2
2	0,0116	1,336	2,32	44,2
3	0,0104	1,260	2,18	66,2
4	0,0098	1,386	1,88	105,6
5[2])	0,0113	1,509	2,44	43,6
6[3])	0,0116	1,242	2,25	48,8

Von der Annahme ausgehend, daß das adsorbierte Molekül bei verdünnten Seifenlösungen flach in der Grenzfläche liegt[4]), daß bei konzentrierteren Lösungen jedoch nur die COONa-Gruppe in der Grenzfläche

---

[1]) Journ. of the Americ. chem. soc. Bd. 46, S. 876. 1924.
[2]) Diese Emulsion enthielt einen Überschuß von 16% Ricinolsäure in der inneren Phase.
[3]) Diese Emulsion enthielt einen Überschuß von 10% Alkali.
[4]) Journ. of the Americ. chem. soc. Bd. 39, S. 1848. 1917.

sich befindet (der Rest des Moleküls befindet sich in der Ölphase), schlossen van der Meulen und Rieman, daß die durchschnittliche Größe der von einem Na-Ricinoleatmolekül bedeckten Grenzfläche zwischen 22 Å² und 111 Å² beträgt. 22 Å² ist die Größe des Querschnitts der Carboxylgruppe[1]), 111 Å² ist die Größe des Querschnitts eines Ricinolsäuremoleküls. Van der Meulen und Rieman behaupten, daß „die Größe der in den verschiedenen Fällen bedeckten Fläche in keinem Widerspruch zu der Theorie steht, nach der ein monomolekulares Seifenhäutchen an der Grenzfläche vorhanden ist".

Umkehrung von Emulsionen. Seifriz[2]) hat die Phasenumkehr in Emulsionen untersucht, wobei er besondere Aufmerksamkeit auf Clowes' Arbeiten über Protoplasmagleichgewicht richtete. Hatschek hatte Seifriz darauf aufmerksam gemacht, daß Clowes' Befunde sich auf Seifen als Emulgatoren beschränken, und daß die in diesen Fällen durch Elektrolyte bedingten Phasenumkehrungen nicht verallgemeinert werden dürfen. Seifriz stellte deshalb Emulsionen von Olivenöl und wässerigen Lösungen oder Suspensionen verschiedener Emulgatoren her und bestimmte den Einfluß der Elektrolyte auf die Emulsionen mit Hilfe der elektrischen Leitfähigkeitsmethode und durch Färben mit Sudan III. Die angewandten Elektrolyte waren NaOH, NaCl, Na_2SO_4, $BaCl_2$, $CaCl_2$ und $Ba(OH)_2$. Seifriz' Ergebnisse sind in der folgenden Tabelle zusammengefaßt:

Emulgator	Emulsionsart	Einfluß der zugefügten Elektrolyte.
Na-Oleat	O/W	durch $BaCl_2$ u. $CaCl_2$ z. Umkehrung gebracht.
Na-Stearat	,,	durch $BaCl_2$ u. $CaCl_2$ leicht z. Umkehr. gebracht.
Gelatose	,,	sehr beständige Emulsionen. $BaCl_2$ oder $CaCl_2$ konnten die Emulsionen weder umkehren noch entmischen; es trat aber eine teilweise Umkehrung durch NaOH oder $Ba(OH)_2$ ein.
Saponin	O/W	
Senegin	,,	
Smilacin	,,	keine Umkehrung durch $BaCl_2$.
Gummi arab. ...	,,	
Albumine	,,	
Lecithin	,,	
Casein	W/O	durch NaOH leicht zur Umkehrung gebracht, $BaCl_2$ rief dann die ursprüngliche Emulsionsart hervor.
Gliadin	W/O	
Cholesterin	,,	durch NaOH und $BaCl_2$ wechselweise zur Umkehrung gebracht.
Cephalin	,,	

---

[1]) Siehe Adam: Proc. of the roy. soc. of London (A) Bd. 99, S. 336. 1921.
[2]) Americ. journ. of physiol. Bd. 66, S. 124. 1921.

Diese Befunde sind sehr interessant. Sie müssen bei jeder Erörterung des Protoplasmagleichgewichts berücksichtigt werden, da im Protoplasma nicht nur Seifen, sondern auch „Lipoide" und Proteine als Emulgatoren vorkommen. Man wird Clowes' Verallgemeinerungen modifizieren müssen.

Nach der Ansicht des Verfassers ruft $BaCl_2$ bei Öl/Wasseremulsionen, die durch Saponin, Senegin, Smilacin, Eialbumin und Serumalbumin beständig gemacht worden waren, deshalb keine Umkehrung hervor, weil der Emulgator wahrscheinlich als „gefälltes" oder „koaguliertes" Häutchen an der Grenzfläche Öl/Wasser anwesend und deshalb durch Elektrolyte nur schwer beeinflußbar ist. Gummiarabicum und Lecithin bilden wahrscheinlich gelatinöse Häutchen an der Grenzfläche. Bei Seifen und anderen Emulgatoren, die mit den zugefügten Elektrolyten chemische Reaktionen eingehen können, liegen die Verhältnisse sehr viel anders. Es können hier neue Verbindungen gebildet werden, die die entgegengesetzte Emulsionsart hervorrufen.

Casein in wässeriger Suspension verhielt sich anders, als man erwartet hatte. Bhatnagar und andere Untersucher fanden nämlich, daß dieses Protein stets Öl/Wasseremulsionen bildet. Bei derartigen Untersuchungen über Emulsionen sollte man stets das p_H der Emulgatorlösung bestimmen, um so mehr als Proteine je nach dem p_H des Dispersionsmittels positiv oder negativ geladen sein können. Ferner ist die Leitfähigkeitsmethode zur Bestimmung der Emulsionsart bei, beispielsweise, reinem Casein in Wasser und in reinem Öl wenig geeignet, da die Methode nur wirklich brauchbar ist, wenn eine der Phasen merkliche Leitfähigkeit besitzt.

Die Entmischung technischer Emulsionen spielt eine große Rolle; dies geht schon daraus hervor, daß auf diesem Gebiete zahlreiche Patente erteilt worden sind. Vor kurzem hat Dodd[1]) Sherricks Untersuchungen an einer Emulsion, die aus dem „Midway-Sunset"-Petroleumvorkommen in Kalifornien stammte, nachgeprüft. Die Wasserkügelchen waren negativ geladen. Bei Anwendung der von Sherrick benutzten Säuren stellte sich heraus, daß sie gerade in umgekehrter Reihenfolge Dodds Emulsionen entmischten, und daß stets eine bedeutende Wärmezufuhr und Zeitdauer zur Entmischung erforderlich waren. Essigsäure und Buttersäure waren sehr wirksam. Dodd kam zu dem wichtigen Ergebnis, daß bei Zusatz einer Substanz, die in beiden Emulsionsphasen löslich ist, die Wirksamkeit der Säuren dieselbe war, wie in Sherricks Versuchen. Fuselöl und Phenol lösten sich gut in beiden Phasen.

Dodd nimmt an, daß die in beiden Phasen lösliche Substanz die Säure durch das umhüllende Öl hindurch zum dispergierten Wasser

---

[1]) Chem. Met. Eng. Bd. 28, S. 249. 1923.

leitet. Dann werden die negativen Ladungen durch die H˙-Ionen der Säure neutralisiert und hierdurch für das Zusammenfließen günstige Bedingungen geschaffen.

Da der Emulgator ein asphaltähnlicher fester Körper ist, so wäre es interessant, den Einfluß von Phenol und von Phenol + Säure auf den Randwinkel an der Grenzfläche festzustellen.

Palmer[1]), der die Umwandlung von Sahne in Butter beim Buttern untersuchte, maß in häufigen Abständen die elektrische Leitfähigkeit des Butterfaßinhaltes. Sobald man zu Buttern anfing, nahm die Leitfähigkeit ab. Nach etwa 110 Minuten war ein Minimum erreicht, das 30 Minuten bestehen blieb. Hierauf nahm die Leitfähigkeit allmählich wieder zu, bis sie von derselben Größenordnung wie bei Buttermilch war. Palmer schließt, daß die Umkehrung der ursprünglichen Öl-Wasseremulsion allmählich vor sich geht und daß die minimale Leitfähigkeit den Umkehrungspunkt anzeigt. Beim Buttern treten kleine Fettkügelchen zusammen, sie schließen hierbei Milchserum in sich ein und dadurch setzt das ganze System dem elektrischen Strom einen größeren Widerstand entgegen. Wenn der Umkehrungspunkt erreicht ist, tritt plötzlich die Butterbildung ein. Bei weiterer Bewegung werden Klumpen aus Butterfett sichtbar, und die Buttermilch wird in stärkerem Maße frei.

Nach Ansicht des Verfassers müßte man sich in eingehenderen Untersuchungen bemühen, diese Befunde zu bestätigen. Man müßte den ursprünglichen Sahnengehalt, die Butter und Buttermilch genau analysieren und versuchen, das Wesen und die Größe der in den einzelnen Stadien stattfindenden Adsorptionsvorgänge zu erforschen. Es könnte sich ergeben, daß die Erklärung, die einen einfachen Zusammenhang zwischen Emulsionsumkehr und elektrischer Leitfähigkeit annimmt, nicht ausreichend ist.

Beiläufig hat Palmer[2]) berechnet, daß die Größe der Grenzfläche zwischen Wasserkügelchen und Fettphase pro Pfund Butter leicht 1000 m² betragen kann. Er weist darauf hin, daß dieser Umstand von großem Einfluß auf die verschiedenartigen Veränderungen, die bei der hydrolytischen Spaltung der Butter auftreten können, sein muß.

---

[1]) First National American Colloid-Symposium 1923, S. 410.
[2]) Journ. of Ind. Eng. chem. Bd. 16, S. 634. 1924.

Literaturzusammenstellung.

Die Literaturangaben sind chronologisch und die Arbeiten jedes Jahrganges alphabetisch nach dem Verfasser geordnet.

Mach, E.: Über Flüssigkeiten, welche suspendierte Körperchen enthalten. Poggend. Ann. Bd. 126, S. 324. 1865.

Kuhne, W.: Kapitel über Emulsionen im Lehrbuch der physiol. Chem. S. 129. 1866.

Plateau, J.: Experimentelle und theoretische Untersuchung über die Gleichgewichtsfiguren einer flüssigen Masse ohne Schwere. Mém. de Brux. Bd. 37, S. 3. 1868; Poggend. Ann. Bd. 141, S. 44. 1870.

Donath, E.: The Testing of Bees'Wax for Adulterations. Journ. of the chem. soc. (London) Bd. 26, S. 194. 1873.

Schischkoff, L.: Chemical Composition of Milk. Journ. of the chem. soc. (London) Bd. 38, S. 273. 1880.

Gad, J.: Fettadsorption. Arch. anat. physiol. 1878, S. 181.

Quincke, G.: (1) Über die physikalischen Eigenschaften dünner, fester Lamellen. Wied. Ann. Bd. 35, S. 561. 1888.

— (2) Über periodische Ausbreitung an Flüssigkeitsoberflächen und dadurch hervorgerufene Bewegungserscheinungen. Wied. Ann. Bd. 35, S. 580. 1888.

Rachford, B. K.: The Influence of Bile on the Fat-splitting Properties of Pancreatic Juice. Journ. of physiol. Bd. 12, S. 72. 1891.

Moore, B. u. D. P. Rockwood: On the Mode of Adsorption of Fats. Journ. of physiol. Bd. 21, S. 74. 1897.

Moore, B. u. C. J. I. Krumbholz: On the Relative Power of Various Forms of Proteid in Conserving Emulsions. Proc. of the physiol. soc. of London S. 54. 1898.

Donnan, F. G.: Über die Natur der Seifenemulsionen. Zeitschr. f. physikal. Chem. Bd. 31, S. 42. 1899.

Pockels, A.: Untersuchung von Grenzflächenspannungen und der Kohäsionswage. Wied. Ann. Bd. 67, S. 668. 1899.

Rayleigh, Lord: Investigations in Capillarity. Philosoph. mag. (5) Bd. 48, S. 321. 1899.

Zawidski, J. v.: Zur Kenntnis der Zusammensetzung der Oberflächenschichten wässeriger Lösungen. Zeitschr. f. physikal. Chem. Bd. 35, S. 77. 1900.

Pockels, A.: Über das spontane Sinken der Oberflächenspannung von Wasser, wässerigen Lösungen und Emulsionen. Ann. d. Physik Bd. 8, S. 854. 1902.

Benson, C.: The Composition of the Surface Layers of Aqueous Amyl Alcohol. Journ. phys. chem. Bd. 7, S. 532. 1903.

Hillyer, H. W.: On the Cleansing Power of Soap. Journ. of the Americ. chem. soc. Bd. 25, S. 511. 1903.

Ramsden, W.: Separation of Solids in the Surface Layers of Solutions and Suspensions (Observations on Surface Membranes, Bubbles, Emulsions and Mechanical Coagulation). Proc. of the roy. soc. of London Bd. 72, S. 156. 1903; Zeitschr. f. physikal. Chem. Bd. 47, S. 336. 1904.

Beck, K.: Beiträge zur Bestimmung der inneren Reibung. Zeitschr. f. physikal. Chem. Bd. 58, S. 409. 1907.

Milner, S. R.: On Surface Concentration and the Formation of Liquid Films. Philosoph. mag. (6) Bd. 13, S. 96. 1907.

Pickering, S. U.: Emulsions. Journ. of the chem. soc. (London) Bd. 91, S. 2002. 1907.

Buglia, G.: Über einige physikalisch-chemische Merkmale der homogenisierten Milch. Kolloid-Zeitschr. Bd. 2, S. 353. 1908.

Lewis, W. C. Mc.: An Experimental Examination of Gibbs' Theory of Surface Concentration, regarded as the Basis of Adsorption. (I). Philosoph. mag. April 1908, S. 499.

Tonschot, A. L.: Homogenised Milk. Rep. min. agr. prov. Quebec 1908, S. 184.

Binaghi, R.: Die Oberflächenspannung und die kolloidalen Substanzen im Wein als direkte Ursachen seiner Aphrosität. Ann. fals. Bd. 2, S. 319. 1909.

Lewis, W. C. Mc.: (1) Die Oberflächenspannung kolloider und emulsoider Partikel und ihre Abhängigkeit von der Grenzgröße der letzteren. Kolloid-Zeitschr. Bd. 5, S. 91. 1909.

— (2) An Experimental Investigation of Gibbs' Theory of Surface Concentrations, regarded as the Basis of Adsorption. (II). Philosoph. mag. April 1909, S. 466.

— (3) Größe und elektrische Ladung der Ölteilchen in Öl/Wasseremulsionen. Kolloid-Zeitschr. Bd. 4, S. 211. 1909.

Marshall, C. R.: The Theory of Emulsification. Pharmaceut. Journ. Bd. 28, S. 257. 1909.

Michaelis, L.: Dynamik der Oberflächen. Dresden 1909.

Pollard, E. W.: Commercial Emulsion. Americ. journ. of pharmacy. Bd. 83, S. 135. 1909.

Bancroft, W. D.: The Photographic Emulsion. Brit. phot. journ. Bd. 57, S. 630. 1910.

Carapelle, E. u. G. Chimera: The Surface Tension of Milk. Chem. abstracts 1910, S. 1873.

Donnan, F. G. u. H. E. Potts: Über die Emulgierung von Kohlenwasserstoffölen durch wässerige Lösungen fettsaurer Salze. Kolloid-Zeitschr. Bd. 7, S. 208. 1910.

Fanto, R. u. M. Stritar: Emulsions produced by Shaking. Journ. of pract. chem. Bd. 81, S. 564. 1910.

Goodwin u. Ellis: Elektrolytische Abscheidung von Öl aus Kondenswasser. Chemiker-Zeit. Bd. 81, S. 724. 1910.

Hatschek, E.: (1) The Direct Separation of Emulsions by Filtration and Ultrafiltration. Journ. of the soc. chem. ind. Bd. 29, S. 125. 1910.

— (2) Die Filtration von Emulsionen und die Deformation von Emulsionsteilchen unter Druck. Kolloid-Zeitschr. Bd. 7, S. 81. 1910.

Lewis, W. C. Mc.: (1) Note on the Energy of a „Doublelayer" Condenser of Electronic Origin. Philosoph. mag. April 1910, S. 573.

— (2) Die Adsorption in ihrer Beziehung zur Gibbsschen Theorie. III. Die adsorbierende Quecksilberoberfläche. Zeitschr. f. physikal. Chem. Bd. 73, S. 129. 1910.

Meunier, L. u. Maury: Die Emulgierung der Fette. Collegium 1910, S. 277, 285.

Ostwald, Wa.: Beiträge zur Kenntnis der Emulsionen. Kolloid-Zeitschr. Bd. 6, S. 103. 1910.

Pickering, S. U.: Über Emulsionen. Kolloid-Zeitschr. Bd. 7, S. 11. 1910.

Robertson, T. B.: Notiz über einige Faktoren, welche die Bestandteile von Öl-Wasseremulsionen bestimmen. Kolloid-Zeitschr. Bd. 7, S. 7. 1910.

Bancelin: La viscosité des émulsions. Cpt. rend. Bd. 152, S. 1382. 1911.

Bauer, H.: Untersuchungen über Oberflächenspannungsverhältnisse in der Milch und über die Natur der Hüllen der Milchfettkügelchen. Biochem. Zeitschr. Bd. 32, S. 362. 1911.

Donnan, F. G. u. J. T. Barker: An Experimental Investigation of Gibb's Thermodynamical Theory of Interfacial Concentration in the Case of an Air-Water Interface. Proc. of the roy. soc. of London (A), Bd. 85, S. 557. 1911.

Gastine: Sur l'emploi des saponines pour la préparation des émulsions insecticides etc. Cpt. rend. Bd. 152, S. 532. 1911.

Groschuff, E.: Über die Beständigkeit von Wasseremulsionen in Kohlenwasserstoffölen. Kolloid-Zeitschr. Bd. 9, S. 257. 1911.

Hatschek, E.: Die Beständigkeit von Öl/Wasseremulsionen. Kolloid-Zeitschr. Bd. 9, S. 159. 1911.

Höber: Phys. Chem. der Zelle und der Gewebe 3. Aufl., S. 293. 1911.

Ilin, B.: Eine Prüfung der Anwendbarkeit des Gesetzes von Boyle-Mariotte und Gay-Lussac auf Emulsionen. Zeitschr. f. physikal. Chem. Bd. 83, S. 592. 1911.

Wickers, J. L.: Emulsions as Dust Palliatives. Proc. Americ. soc. civil eng. Bd. 37, S. 343. 1911.

Bancroft, W. D.: The Theory of Emulsification. Journ. phys. chem. Bd. 16, S. 177, 345, 475, 739. 1912.

Ellis, R.: Die Eigenschaften der Ölemulsionen. I. Die elektrische Ladung. Zeitschr. f. physikal. Chem. Bd. 78, S. 321. 1912; II. Beständigkeit und Größe der Kügelchen. Zeitschr. f. physikal. Chem. Bd. 80, S. 597. 1912.

Bancroft, W. D.: The Theory of Emulsification. Journ. phys. chem. Bd. 17, S. 501. 1913; Transact. of the Americ. electrochem. soc. Bd. 23, S. 294. 1913.

Briggs, T. R.: The Electrochemical Production of Colloidal Copper. Journ. phys. chem. Bd. 17, S. 296. 1913.

Clowes, G. H. A.: Action of Antagonistic Electrolytes on Emulsions and Living Cells. Proc. of the soc. of exp. biol. a. med. Bd. 11, S. 1. 1913.

Ellis, R.: A neutral Oil Emulsion as a Model of a Suspension Colloid. Transact. of the farad. soc. Bd. 9, S. 14. 1913.

Thuan, U. J.: Emulgierende Öle und Emulsionen in der Gerberei. Collegium 1913, S. 219.

Bancroft, W. D.: The Theory of Colloid Chemistry. Journ. phys. chem. Bd. 18, S. 549. 1914.

Bloor, W. R.: A Method for determining Fat in Milk. Journ. of the Americ. chem. soc. Bd. 36, S. 1300. 1914.

Constantin, R.: Étude expérimentale de la compressibilité osmotique des émulsions. Cpt. rend. Bd. 158, S. 1171. 1914.

Ellis, R.: Eigenschaften von Ölemulsionen. III. Koagulation durch kolloide Lösungen. Zeitschr. f. physikal. Chem. Bd. 89, S. 145. 1914.

Maday, S. v.: Eine Modifikation des Gadschen Emulsionsversuches. Zentralbl. f. Physiol. Bd. 27, S. 381. 1914.

Mecklenburg, W.: Tyndallmetrische Messungen im einfarbigen Lichte. Kolloid-Zeitschr. Bd. 15, S. 149. 1914.

Newman, F. R.: Experiments on Emulsions. Journ. phys. chem. Bd. 18, S. 34. 1914.

Patrick, W. A.: Die Beziehung zwischen Oberflächenspannung und Adsorption. Zeitschr. f. physikal. Chem. Bd. 86, S. 545. 1914.

Perrin, J.: Compressibilité osmotique des émulsions considérées comme des fluides à molécules visibles. Cpt. rend. Bd. 158, S. 1168. 1914.

Powis, F.: (1) Der Einfluß von Elektrolyten auf die Potentialdifferenz an der Öl/Wassergrenzfläche einer Ölemulsion und an einer Glas/Wassergrenzfläche. Zeitschr. f. physikal. Chem. Bd. 89, S. 91. 1914.

— (2) Der Einfluß der Zeit auf die Potentialdifferenz an der Oberfläche von in wässerigen Lösungen suspendierten Ölteilchen. Zeitschr. f. physikal. Chem. Bd. 89, S. 179. 1914.

— (3) Die Beziehung zwischen der Beständigkeit einer Ölemulsion und der Potentialdifferenz an der Öl/Wassergrenzfläche und die Koagulation kolloider Suspensionen. Zeitschr. f. physikal. Chem. Bd. 89, S. 186. 1914.

Smoluchowski, M. v.: Untersuchungen über Brownsche Bewegung usw. Sitzungsber. d. Akad. Wiss. Wien, Mathem.-naturw. Kl. II A Bd. 123. Dez. 1914.

Sobbe, O. v.: Die Bestimmung des Homogenisationsgrades der Milch. Zentralbl. f. Milchwirtsch. Bd. 43, S. 503. 1914.

Wiegner, G.: Über die Änderung einiger physikalischer Eigenschaften der Kuhmilch und der Zerteilung ihrer dispersen Phase. Kolloid-Zeitschr. Bd. 15, S. 105. 1914.

Briggs, T. R.: Experiments on Emulsions: Adsorption of Soap in the Benzene-Water Interface. Journ. phys. chem. Bd. 19, S. 210. 1915.

Briggs, T. R. u. H. F. Schmidt: Experiments on Emulsions, II. Journ. phys. chem. Bd. 19, S. 478. 1915.

Jaeger u. Kahn: Die Oberflächenenergie einer Anzahl homologer Triglyceride der Fettsäuren. Proc. acad. scienc. Amsterdam Bd. 18, S. 285. 1915.

Kober, P. A. u. S. S. Graves: Nephelometry (Photometric Analysis). I. History of Method and Development of Instruments. Journ. of industr. a. engineer. chem. Bd. 7, S. 843. 1915.

Mecklenburg, W.: Über die Beziehungen zwischen Tyndalleffekt und Teilchengröße kolloidaler Lösungen. Kolloid-Zeitschr. Bd. 16, S. 97. 1915.

Philip, A.: The Demulsification Values for Mineral Lubricating Oils for use in Steam Turbines. Journ. of the soc. chem. ind. Bd. 35, S. 697. 1915.

Ayres, E. E.: The Application of Centrifugal Force to Suspensions and Emulsions. Journ. of the soc. chem. ind. Bd. 35, S. 676. 1915; Chem. met. eng. Bd. 14, S. 500. 1916.

Belchic, G. u. R. O. Neal: Surface Tension of Oil-Water Emulsions: A Flotation Theory. Mining. eng. world Bd. 45, S. 487. 1916.

Clowes, G. H. A.: Protoplasmic Equilibrium. Journ. phys. chem. Bd. 20, S. 407. 1916.

Conradson, P. H.: Emulsification of Mineral Lubricating Oils: Apparatus and Test Method. Proc. of the Americ. soc. testing materials. Bd. 16 (2), S. 273. 1916.

Cunningham, J.: Bibliography: Concentrating Ores by Flotation. Rolla, Univ. of Missouri 1916.

Fischer, M. H. u. M. D. Hooker: (1) Theory of Emulsions in Physiology and Pathology. Science Bd. 43, S. 468. 1916.

— (2) Über das Entstehen und Zergehen von Emulsionen. Kolloid-Zeitschr. Bd. 18, S. 129. 1916.

Gillet, H. W.: Emulsions and Suspensions with Molten Metals. Journ. phys. chem. Bd. 21, S. 729. 1916.

Harkins, W. D. u. F. E. Brown: Simple Apparatus for the Accurate and Easy Determination of Surface Tension. Journ. of the Americ. chem. soc. Bd. 38, S. 246. 1916.

Harkins, W. D. u. E. C. Humphery: (1) Surface Tension: Drop-weight Method for determining Surface Tension. Journ. of the Americ. chem. soc. Bd. 38, S. 228. 1916.
— (2) Apparatus for the Determination of the Surface Tension and the Interface between two Liquids. Journ. of the Americ. chem. soc. Bd. 38, S. 236. 1916.
Herschel, W. H.: Quantitative Test for the Resistance of Lubricating Oils to Emulsification. Proc. of the Americ. soc. testing materials. Bd. 16 (2), S. 248. 1916.
Kolden, H.: Homogenisier- und Emulgiermaschinen. Chem. App. Bd. 3, S. 133. 1916.
Lehner, V. u. R. Buell: Studies in Soap Solutions, I. Journ. of industr. a. engineer. chem. Bd. 8, S. 701. 1916.
Shorter, S. A. u. S. Ellingworth: On the Emulsifying Action of Soap; A Contribution to the Theory of Detergent Action. Proc. of the roy. soc. of London (A) Bd. 92, S. 231. 1916.
Crockett, W. G. u. R. E. Oesper: A Contribution to the Theory of Emulsification based on Pharmaceutical Practice. Journ. of industr. a. engineer. chem. Bd. 9, S. 967. 1917.
Fischer, M. H. u. M. D. Hooker: Fats and Fatty Degeneration. Wiley, New York. 1917. (Deutsche Übersetzung bei Steinkopff, Dresden.)
Hall, I. C.: The Stability of Emulsions in the Constricted Tube and Marble Device for Anaerobiosis. Journ. phys. chem. Bd. 21, S. 609. 1917.
Harkins, W. D., E. C. H. Davies u. G. L. Clark: (1) Surface Tension. V. Structure of the Surfaces of Liquids and Solubility as related to the Work done by the Attraction of Two Liquid Surfaces as they approach each Other. Journ. of the Americ. chem. soc. Bd. 39, S. 354. 1917.
— (2) Surface Energy. VI. Orientation of Molecules in the Surfaces of Liquids. The Energy Relations at Surfaces, Solubility, Adsorption, Emulsification, Molecular Association, and the Effect of Acids and Bases on Interfacial Tension. Journ. of the Americ. chem. soc. Bd. 39, S. 541. 1917.
Langmuir, I.: Constitution and Fundamental Properties of Solids and Liquids. II.: Liquids. Journ. of the Americ. chem. soc. Bd. 39, S. 1848. 1917.
Perrot, F. L.: Sur la mesure de la tension superficielle au moyen du poids des gouttes. Journ. de chim. phys. Bd. 15, S. 164. 1917.
Roon, L. u. R. E. Oesper: Theory of Emulsification based on Pharmaceutical Practice. Journ. of industr. a. engineer. chem. Bd. 9, S. 156. 1917.
Sisley: Expérience inédite sur les propriétés dissolvantes des émulsions. Bull. de la soc. de chim.-biol. Bd. 20, S. 155. 1917.
Woog, P.: Sur les dimensions des molécules des huiles grasses, et sur quelques phénomènes de dissolutions moléculaires. Cpt. rend. Bd. 173, S. 387. 1917.
Bayliss, W. M.: Colloid Chemistry in Physiology. Brit. assoc. colloid reports, Bd. 2, S. 117. 1918.
Clayton, W.: Colloid Problems in Dairy Chemistry. Brit. assoc. colloid reports Bd. 2, S. 96. 1918.
Davey, W. P.: A New Method for Making Emulsions. (b) Properties of Emulsions. Phys. review. Bd. 11, S. 138. 1918.
Hatschek, E.: Emulsions. Brit. assoc. colloid reports Bd. 2, S. 16. 1918.
Lehner, V. u. G. M. Bishop: Studies in Soap Solutions. II. Journ. phys. chem. Bd. 22, S. 68. 1918.
Ornstein, L. S.: Die zeitlichen Veränderungen in der Verteilung der Emulsionsteilchen. Proc. acad. scienc Amsterdam Bd. 21, S. 92. 1918.

Schlaepfer, A. V. M.: Water-in-Oil Emulsions. Journ. of the chem. soc. (London) Bd. 113, S. 522. 1918.
Shorter, S. A.: The Capillary Layer as the Seat of Chemical Reactions. Journ. soc. dyers and colourists Bd. 34, S. 136. 1918.
Treub, J. P.: La saponification des corps gras. Journ. de chim. phys. Bd. 16, S. 107. 1918.
Bechhold, H.: Die Kolloide in Biologie und Medizin. Dresden: Steinkopff.
Bulter, O. u. T. O. Smith: Relative Adhesiveness of Copper Fungicides. Phytopathology Bd. 9, S. 431. 1919.
Clayton, W.: The Modern Conception of Emulsions. Journ. of the soc. chem. ind. Bd. 38, S. 113, T. 1919.
Moore, W. C.: Emulsification of Water and of Ammonium Chloride Solutions by Means of Lamp black. Journ. of the Americ. chem. soc. Bd. 41, S. 940. 1919.
Palmer, L. S.: The Chemistry of Churning. Missouri agr. expt. stat. bull. 163, S. 40. 1919.
Procter, H. R.: The Nature of Liquid Surfaces. Journ. soc. leather trades chemists. Bd. 3, S. 48. 1919.
Ramsden, W.: Surface Films. Transact. Liv. biol. soc. Bd. 33, S. 3. 1919.
Sheppard, S. E.: Emulsification by Adsorption at an Oil-Water Interface. Journ. phys. chem. Bd. 23, S. 634. 1919.
Vlès, F.: Sur quelques propriétés optiques des émulsions bactériennes. Cpt. rend. Bd. 168, S. 575, 794. 1919.
Vlès, F. u. de Waterville: Sur un opacimètre destiné aux dosages bactériennes. Cpt. rend. Bd. 168, S. 797. 1919.
Ayres, E. E.: Separation of Fixed Oils from Soap-Water Emulsions. Chem. met. eng. Bd. 22, S. 1057. 1920.
Bhatnagar, S. S.: Studies in Emulsions. I.: A New Method of Determining the Inversion of Phases. Journ. of the chem. soc. (London) Bd. 117, S. 542. 1920.
Bhatnagar, S. S. u. W. E. Garner: The Effect of the Addition of Certain Fatty Acids on the Interfacial Tension between B. P. Paraffin Oil and Mercury. Journ. of the soc. chem. ind. Bd. 39, S. 185, T. 1920.
Briggs, T. R.: Experiments on Emulsions. III. Journ. phys. chem. Bd. 24, S. 120. 1920.
Briggs, T. R., F. R. du Cassé u. L. R. Clarke: Experiments on Emulsions. IV. Journ. phys. chem. Bd. 24, S. 147. 1920.
Chéneveau, C. u. R. Audubert: Sur un néphélémètre. Cpt. rend. Bd. 170, S. 728. 1920.
Delbridge: Determination of Resistance of Lubricating Oils to Emulsification. Proc. of the Americ. soc. testing materials. Bd. 20 (I), S. 416. 1920.
Freundlich, H.: Kapillarchemie. Leipzig 1922.
Groote, M. de: Manufacture of Emulsion Flavours. Americ. perfumer Bd. 15, S. 131, 170, 220. 1920.
Holmes, H. N. u. W. C. Child: Gelatin as an Emulsifying Agent. Journ. of the Americ. chem. soc. Bd. 42, S. 2049. 1920.
Jensen, O.: Theorien der Rahmbildung und der Entrahmung. Zentralbl. f. Milchwirtsch. Bd. 41, S. 712. 1920.
Kammann u. Keim: Erfahrungen mit der biologischen Reinigung sogenannten „Ölwassers". Gesundhtsing. Bd. 43, S. 245. 1920.
Liesegang, R. E.: Emulsionen. Zeitschr. d. dtsch. Öl- u. Fett-Ind. Bd. 40, S. 501, 517, 534, 549. 1920.
McBain, J. W.: Colloidal Chemistry of Soap. Brit. assoc. colloid reports Bd. 3, S. 2. 1920.

Nuttall, W. H.: Wetting Power and its Relation to Industry. Journ. of the soc. chem. ind. Bd. 39, S. 67, T. 1920.

Ratel, C.: Erzflotation. Age de fer. Bd. 36, S. 731, 762, 794. 1920; Bd. 37, S. 850. 1921.

Sherrick, J. L.: Oil-field Emulsions. Journ. of industr. a. engineer. chem. Bd. 12, S. 133. 1920.

Slade, R. E.: Colloid Chemistry in Photography. Brit. assoc. colloid reports Bd. 3, S. 74. 1920.

Thomas, A. W.: (1) A Review of the Literature of Emulsions. Journ. of industr. a. engineer. chem. Bd. 12, S. 177. 1920.

— (2) Emulsions — Theory and Practice. Journ. of the Americ. leather chem. assoc. Bd. 15, S. 186. 1920.

Wells, H. M. u. J. E. Southcombe: Theory and Practice of Lubrication: Germ. Process. Journ. of the soc. chem. ind. Bd. 39, S. 51, T. 1920.

White, M. G. u. J. W. Marden: The Surface Tension of Certain Soap Solutions and their Emulsifying Powers. Journ. phys. chem. Bd. 24, S. 617. 1920.

Wilson, J. A.: The Electrical Charge on Colloids. Brit. assoc. colloid reports Bd. 3, S. 48. 1920.

Adam, N. K.: (1) Geometrical Isomerism in Monomolecular Films. Nature Bd. 107, S. 522. 1921.

— (2) The Properties and Molecular Structure of Thin Films of Palmitic Acid on Water. Proc. of the roy. soc. of London (A) Bd. 99 S. 336. 1921.

Alexander, J.: The Zone of Maximum Colloidality. Journ. of the Americ. chem. soc. Bd. 43, S. 434. 1921.

Ayres, E. E.: Common Characteristics of Crude Petroleum Emulsions. Journ. of industr. a. engineer. chem. Bd. 13, S. 1011. 1921.

Bancroft, W. D.: Applied Colloid Chemistry. New York: Mc Graw.-Hill Book Co. 1921.

Bhatnagar, S. S.: (1) Pure Aniline and Water Emulsions. Journ. phys. chem. Bd. 25, S. 735. 1921.

— (2) Studies in Emulsions. III: Further Investigations on the Reversal of Type by Electrolytes. Journ. of the chem. soc. (London) Bd. 119, S. 1760. 1921.

— (3) Reversal of Phases in Emulsions and Precipitation of Suspensoids by Electrolytes: An Analogy. Transact. of the farad. soc. Bd. 16, Appendix, S. 27. 1921.

Bechhold, H., L. Dede u. L. Reiner: Dreiphasige Emulsionen. Kolloid-Zeitschr. Bd. 28, S. 6. 1921.

Born, S.: Oil-field Practice in handling Crude Oil Emulsions. Journ. of industr. a. engineer. chem. Bd. 13, S. 1013. 1921.

Briggs, T. R.: Emulsions with Finely-Divided Solids. Journ. of industr. a. engineer. chem. Bd. 13, S. 1008. 1921.

Clayton, W.: (1) Margarine. Chap. VIII: The Theory of Emulsification. London: Longmans, 1920.

— (2) Emulsion Problems in Margarine Manufacture. Kolloid-Zeitschr. Bd. 28, S. 202. 1921; Transact. of the farad. soc. Bd. 16, Appendix, S. 22. 1921.

Denis, W.: The Substitution of Turbidimetry for Nephelometry in Certain Biochemical Methods of Analysis. Journ. of biol. chem. Bd. 47, S. 27. 1921.

Eddy, W. G. u. H. C.: Discussion on Electrical Dehydration of Crude Oil. Journ. of industr. a. engineer. chem. Bd. 13, S. 1016. 1921.

Gardner, H. A. u. C. Holt: Surface Tension and Interfacial Tension of Varnishes and Paint Liquids. U. S. Paint manuf. assoc., circ. 124, S. 11. 1921.

Grenime, C.: Lebertranemulsionen. Pharm. Zentralhalle. Bd. 62, S. 156, 187. 1921.
Iredale, I.: The Soaps as Protective Colloids for Colloidal Gold. Journ. of the chem. soc. (London) Bd. 119, S. 625. 1921.
Jones, F. B.: Froth Flotation of Coal. Iron Coal Trades rev. Bd. 103, S. 472. 1921.
Kober, P. A. u. R. E. Klett: Further Improvements in the Nephelometer. Journ. of biol. chem. Bd. 47, S. 19. 1921.
Mathews, R. R. u. P. A. Crosby: Recovering Petroleum from Emulsions by Chemical Treatment. Journ. of industr. a. engineer. chem. Bd. 13, S. 1015. 1921.
Mukherjee, J. N.: The Origin of the Charge of a Colloidal Particle and its Neutralisation by Electrolytes. Transact. of the farad. soc. Bd. 16, Appendix, S. 103. 1921.
Padgett, F. W.: The Colloid Chemistry of Petroleum. Chem. met. eng. Bd. 25, S. 189. 1921.
Parsons, L. W. u. O. G. Wilson: Some Factors affecting the Stability and Inversion of Oil-Water Emulsions. Journ. of industr. a. engineer. chem. Bd. 13, S. 1116. 1921.
Perrott, G. St. J. u. S. P. Kinney: The Use of Oil in Cleaning Coal. Chem. met. eng. Bd. 25, S. 182. 1921.
Porter, A. W.: Electric Endosmosis and Cataphoresis. Transact. of the farad. soc. Bd. 16, Appendix, S. 135. 1921.
Rector, T. M.: The Production of Transparent Emulsions. Chemical age (N. Y.) Bd. 29, S. 408. 1921.
Sheppard, S. E. u. F. A. Elliott: Photometric Methods and Apparatus for the Study of Colloids. Journ. of the Americ. chem. soc. Bd. 43, S. 531. 1921.
Sherrick, J. L.: Emulsifying Agents in Oil-Field Emulsions. Journ. of industr. a. engineer. chem. Bd. 13, S. 1010. 1921.
Weston, J.: Colloidal Clay as an Emulsifying Agent. Chemical age (London) Bd. 4, S. 604. 1921.
Wiggins, J. H.: Losses in the Dehydration of Oil. Nat. petroleum news Bd. 13, S. 59. 1921.
Woog, P.: Sur les dimensions des molécules des huiles grasses et sur quelques phénomènes de dissolutions moléculaires. Cpt. rend. Bd. 173, S. 387. 1921.
Behrendt, H.: Die Oberflächenspannung der Milch. Zeitschr. f. Kinderheilkunde Bd. 33, S. 209. 1922.
Bingham, E. C.: Fluidity and Plasticity. Chap. VII. Colloidal Solutions. N. Y. 1922.
Clark, G. L. u. W. A. Mann: A quantitative Study of the Adsorption in Solution and at Interfaces of Sugar, Dextrin, Starch, Gum arabic and Egg Albumen, and the Mechanism of their Action as Emulsifying Agents. Journ. of biol. chem. Bd. 52, S. 157. 1922.
Ferguson, A.: Some General Considerations and a Discussion of Methods for the Measurement of Interfacial Tensions. Transact. of the farad. soc. Bd. 17, S. 370. 1922.
Holmes, H. N.: Laboratory Manual of Colloid Chemistry. Chap. IX. Emulsions. N. Y. 1922.
Holmes, H. N. u. D. N. Cameron: (1) Cellulose Nitrate as Emulsifying Agent. Journ. of the Americ. chem. soc. Bd. 44, S. 66. 1922.
— (2) Chromatic Emulsions. Ibid. Bd. 44, S. 71. 1922.
Knapp, L. G.: The Solubility of Small Particles and the Stability of Colloids. Transact. of the farad. soc. Bd. 17, S. 457. 1922.

Kohnstein, B.: Die Verwendung von kolloider Seife und von Fettemulsionen in der Gerberei. Chimie et industrie Bd. 7, S. 349. 1922.

Mees, R. T. A.: Die Waschwirkung von Seifenlösungen. Chem. Weekblad Bd. 19, S. 82. 1922.

Rahn, O.: (1) Beobachtungen über die Aufrahmung der Milch. Kolloid-Zeitschr. Bd. 30, S. 110. 1922.

— (2) Die Bedeutung der Oberflächenspannungserscheinungen für den Molkereibetrieb. Kolloid-Zeitschr. Bd. 30, S. 341. 1922. Siehe auch: Forsch. Geb. Milchw. Bd. 1, S. 309. 1921; Bd. 2, S. 76. 1922.

Sanyal, R. P. u. S. S. Joshi: The Formation of a Water-in-Oil Type Emulsion by the Concentration of the Oil Phase. Journ. phys. chem. Bd. 26, S. 481. 1922.

Nugent, T.: Note on an Inhibition Period in the Separation of an Emulsion. Transact. of the farad. soc. Bd. 17, S. 703. 1922.

Wells, P. V.: A Simple Theory of the Nephelometer. Journ. of the Americ. chem. soc. Bd. 44, S. 267. 1922.

Wilson, R. E. u. D. P. Barnard: Methods of Measuring the Property of Oiliness. Journ. of industr. a. engineer. chem. Bd. 14, S. 690. 1922.

Nachtrag zur Literaturzusammenstellung.

Anderson, L.: Note on the Coagulation of Milk. Trans. Farad. Soc. Bd. 19, S. 106. 1923.

Batley, W. A.: The Trent Process of Cleaning Coal. Fuel in Science and Practice Bd. 2, S. 236. 1923.

China, F J. E.: The 'Premier' Mill in Chemical Industry. Chemical Ago (London) Bd. 8, S. 329. 1923.

Coghill, W. H. u. C. O. Anderson: Certain Interfacial Tension Equilibria Important in Flotation. U. S. Bur. Mines (Washington); Tech. Paper 262, S. 54. 1923.

Dodd, H. V.: The Resolution of Petroleum Emulsions. Chem. Met. Eng. Bd. 28, S. 249. 1923.

Donnan, F. G.: Some Aspects of the Physical Chemistry of Interfaces. Brit. Assoc. for the Advancement of Science; Annual Report, Liperpool 1923, S. 59

Finkle, P., H. D. Draper u. J. H. Hildebrand: The Theory of Emulsification. Journ. of the Americ. chem. soc. Bd. 45, S. 2780. 1923.

Fischer, M. H.: (1) On the Theory of Lyophilic Colloids and the Behaviour of Protoplasm. 1st Nat. Amer. Colloid Symposium 1923, S. 244.

— (2) Über den elektrischen Widerstand von Phenol-Wassersystemen und ihre biologischen Anwendungen. Kolloid-Zeitschr. Bd. 33, S. 131. 1923.

Gordon, P. F.: The Separation of the Components of Petroleum. Part III. Surface Tension. Journ. of the soc. chem. ind. Bd. 42, S. 411. 1923.

Gortner, R. A.: The Application of Colloid Chemistry to Some Agricultural Problems. 1st Nat. Amer. Colloid Symposium 1923, S. 409.

Griffin, E. L.: Emulsions of Mineral Oil with Soap and Water: The Interfacial Film. Journ. of the Americ. chem. soc. Bd. 45, S. 1648. 1923.

Huerre, R.: Emulsions of Coal Tar. Répert. pharm. Bd. 35, S. 129. 1923.

Kuczynski, T.: Über das Scheiden von Erdölemulsionen. Petroleum-Zeitg. Bd. 19, S. 429. 1923.
Rosner u. Narrat: Ergebnisse der Versuche über die Haltbarkeit von Emulsionen, welche Mineralöle bei wechselndem Rübölzusatz mit Seewasser bilden. Petroleum-Zeitg. Bd. 19, S. 611. 1923.
Seifriz, W.: Phase Reversal in Emulsions and Protoplasm. Science Bd. 57, S. 694. 1923; Americ. journ. of physiol. Bd. 66, S. 124. 1923.
Sheppard, S. E. u. S. S. Sweet: Interfacial tension between gelatin solutions and toluene. Journ. of the Americ. chem. soc. Bd. 46, S. 2797. 1923.
Staus, K.: Die Rohölemulsion von Tzintea. Petroleum-Zeitg. Bd. 19, S. 327. 1923.
Wilson, R. E. u. E. D. Fries: Surface Films as Plastic Solids. 1st Amer. Colloid Symposium 1923, S. 145.
Lorenz, R.: Das Gibbssche Theorem der Oberflächenspannung, angewandt auf Natriumabietinatlösung. Kolloid-Zeitschr. Bd. 33, S. 15. 1923.
Bhatnagar, S. S. u. M. Prasad: Die elektrische Leitfähigkeit einiger monovalenter Salze der höheren Fettsäure in nichtwässerigen Lösungen und im geschmolzenen Zustande. Kolloid-Zeitschr. Bd. 34, S. 193. 1924.
Fischer, M. H.: Über den elektrischen Widerstand von Seifen-Wasser-Systemen im Erstarrungsgebiet. Kolloid-Zeitschr. Bd. 34, S. 140. 1924.
Johansen, E. M.: The Interfacial Tension between Petroleum Products and Water. Journ. of the ind. eng. chem. Bd. 16, S. 132. 1924.
Joshi, S. S.: Die Oberflächenspannung von Öl-in-Wasser- und Wasser-in-Öl-Emulsionen. Kolloid-Zeitschr. Bd. 34, S. 197, 280. 1924.
Lascaray, L.: Über die Oberflächenspannung von Seifenlösungen. Kolloid-Zeitschr. Bd. 34, S. 73. 1924.
Mathews, J. H. u. A. J. Stamm: Adsorption and Surface Tension at Liquid-Liquid Interface. Journ. of the Americ. chem. soc. Bd. 46, S. 1071. 1924.
van der Meulen, P. A. u. W. Rieman: Monomolecular Films of Sodium Ricinoleate in Emulsions. Journ. of the Americ. chem. soc. Bd. 46, S. 876. 1924.
Palmer, L. S.: The Chemistry of Milk and Dairy Products Viewed from a Colloidal Standpoint. Journ. of Ind. Eng. Chem. Bd. 16, S. 631. 1924.
Sheppard, S. E. u. L. W. Eberlin: Electrolytic Deposition of Rubber. U. S. Pat. 1 476 374. Beschrieben in Chemical Age (New York) Bd. 32, S. 77. 1924.

Namenverzeichnis.

Adam 61.
Anderson 124.
Ayres 79, 94, 95, 110, 120, 121.

Baldwin 15.
Bancroft 29, 31, 64, 66, 76—78, 82, 123.
Barker 44.
Bechhold 7, 15, 95.
Bhatnagar 3, 7, 23, 24, 32, 33, 40, 44, 68—71, 73, 75, 76, 81—83, 87, 90, 129.
Bishop 4, 11.
Bloor 92.
Bodroux 26.
Bottars 111.
Brady 108.
Braley 106.
Bredig 21.
Briggs 2, 4, 5, 6, 8, 9, 37, 39, 40, 52, 53, 54, 64, 79, 88, 89, 96, 98, 99, 100, 102.
Brooks 123.
Brown 19, 20, 21, 66, 117.
Brücke 40.
Buck 122.
Buglia 103.
Burton 13, 17, 18, 19.

Cameron 26, 48, 56, 57.
Chandler 15.
Child 2, 36, 56, 87.
Clark 7, 37, 48, 83.
Clarke 39, 40.
Clavel 94.
Clayton 2, 9, 10, 69, 79, 88.
Clowes 44, 48, 54, 64—68, 72, 75, 76, 78—82, 87, 88, 109, 128, 129.
Coehn 16.
Coghill 124.

Conradson 11.
Cottrell 105.
Crockett 8.
Crosby 109.

Davies 83.
Davis-Perrett 115.
Dede 7, 95.
Delbridge 11.
Des Coudres 59, 77.
Dijxhoom 115.
Dodd 129.
Donnan 3, 9, 12, 23, 40, 41, 42, 43, 44, 45, 67, 76, 77, 87, 126.
Draper 124.
Du Cassé 39, 40.
Dunstan 105.

Eddy H. C. u. W. G. 106, 108.
Edser 94.
Ellingworth 3, 87.
Elliott 56.
Ellis 14, 17, 21, 22 23, 44, 92.
Exner 20.

Ferguson 86.
Finkel 124.
Fischer 2, 38, 39, 100, 109.
Francis 110.
Freundlich 23, 46, 51, 54, 126.
Fries 125.

Gad 40.
Gardner 87.
Garner 87.
Gaulin 100, 101,
Gibbs 42, 44, 46, 51, 81.
Gookin 92.
Griffin 126.
Groschuff 12.

Haas 2.
Hall 12, 89, 90.
Hardy 21, 23.
Harkins 10, 46, 60, 61, 62, 79, 83.
Harlow 46.
Harris 109.
Hatschek 21, 25, 33, 99, 111, 114, 115, 128.
Heath 92.
Helmholtz 17, 18, 19.
Henri 15, 20.
Herschel 11, 79, 95, 96.
Hildebrand 124.
Hillyer 3, 34, 35, 44.
Hiss 8.
Höber 34.
Hofmann 59, 77.
Holdt 87.
Holmes 2, 26, 36, 48, 56, 57, 87.
Hooker 2, 100.
Huff 3.
Humphery 79.

Julien 100.

Kammann 122.
Karpinsky 94.
Keim 122.
Klett 92.
Knapp 13, 14.
Kober 92.
Koetschau 122.
Krause 122.
Krumbholz 7.

Lahache 5.
Lamb 18, 19.
Langmuir 10, 60, 84, 85, 126.
Laplace 59.
Lapworth 6.
Laval 117.
Lehner 4, 11.

Lerch 59.
Levinstein 110.
Lewis 13, 14, 15, 16, 17, 19, 21, 23, 44, 49, 50, 51, 87.
Lippmann 21.
Loeb 65, 68.

Mann 7, 37, 48.
Marden 3, 9, 34.
Marix 100.
Marshall 2, 8, 36.
Mathews 64.
Matthews 109.
Maury 10.
Mayer 43.
McKibben 106, 109.
Meulen, van der 127, 128.
Meunier 10.
Michaelis 46.
Milner 46.
Moore, B. 7.
Moore, W. C. 5, 97.
Morton 46.
Mukherjee 16, 24.

Newman 3, 4, 64, 89, 90, 122.
Nugent 2, 54, 55, 56, 94, 95.

Oesper 2, 8, 15, 39.
Osterhout 65, 81.
Ostwald, Wa. 1, 27, 29, 63.
Ostwald, W. 46.

Padgett 105.
Palmer 89, 130.
Parsons 67, 72, 113.
Paul 115.
Pearson 6.
Philip 11, 113.
Pickering 3, 5, 8, 9, 28, 29, 34, 44, 45, 81, 82, 88.
Pilat 122.
Piotrowski 122.
Plateau 34.
Pockels 21.
Porter 46.
Potts 9, 42, 43, 44.
Powis 15, 21, 22, 23, 44.

Quincke 40.

Ramsden 34, 44, 47, 48, 56, 94, 123, 126.
Rector 27.
Reinders 58.
Reiner 7, 95.
Reitstötter 24.
Richardson 105.
Rieman 127, 128.
Robertson 30, 31, 32, 64, 89.
Rogers 110.
Roon 2, 15, 39.

Schaeffer 43.
Schlaepfer 5.

Schmidt 2, 4, 5, 8, 9, 37, 64, 88, 96.
Schröder 101.
Schultz 15.
Scoville 95.
Seibert 108.
Seifriz 128.
Sheppard 6, 49, 56, 94.
Sherrick 90, 104, 105, 111, 112, 129.
Shorter 3, 87.
Sobbe 102.
Stables 34.
Stokes 117.
Swan 59.

Terroine 43.
Thomson 46, 81.
Tomlinson 59.
Traube 67.

Wells 93.
Westgren 24.
Weston 6.
White 3, 9, 36.
Wiegner 49, 102, 103.
Wiggins 122.
Willows 46.
Wilson 34, 59, 125.
Wilson, O. G. 67, 72, 113.
Winkelblech 36, 56.
Woodman 92.
Woog 61.
Wrede 101.

Sachverzeichnis.

Adsorption 45ff., 59ff., 125ff.
 elektrocapillare 82.
Adsorptionsgeschwindigkeit 54.
Adsorptionsgleichung 46, 47, 81.
Adsorptionshäutchen 20, 25, 29, 35, 37, 38, 39ff., 63ff., 76ff., 125ff.
Adsorptionsisotherme 51, 52, 53, 54ff.
Adsorptionshäutchentheorie der Emulsionen 63ff., 76ff.
Asphalt 105.

Benetzung von Emulgatoren 58ff., 73, 82ff., 123ff.
„Bottom settlings" 121.
Butter 26, 63, 104.
Brownsche Molekularbewegung 19, 20, 21, 66, 102, 117.

Cottrell-Verfahren 105ff.

Davis-Perrett-Verfahren 115, 116.
Doppelschicht, elektrische 14, 17—19.

Elektrolyte, antagonistische 65ff., 79ff.
Emulgatoren 2—9.
 Agar-Agar 2, 35.
 Albumin 2, 7, 73, 128.
 Aluminiumhydroxyd 73, 76.
 Benetzung von 5, 58ff., 73, 83, 123.
 Bleioxyd 73, 74, 76.
 Cholesterin 128.
 Dextrin 3, 7, 38.

Eigelb 2.
 feste Körper, feinverteilte 5—7, 39, 40, 77 ff.
 Gelatine 2, 36, 38, 110.
 Gelatose 128.
 Gliadin 128.
 Glycerin 4, 27.
 Gummi 2.
 Gummi arabicum 2, 7, 35, 38, 39, 40, 128.
 Hämoglobin 3.
 Harz 4, 73, 76.
 Kasein 2, 38, 73, 74, 128.
 Lecithin 3, 73, 76, 128.
 Russ 5, 76, 97.
 Saponin 2, 35, 128.
 Schwefel 3.
 Seifen 3, 8, 11, 15, 25, 28, 31, 35, 36, 38, 40ff., 52ff., 63ff., 76, 78ff., 125ff.
 Senegin 128.
 Smilacin 128.
 Stärke 2, 7, 110.
 Ton, kolloider 6.
 Tragant 2, 102.
 Wirksamkeit von 7ff.
 Zellulosenitrat 57.
 Zinkhydroxyd 73, 76.
 Zucker 4, 7, 37.
Emulgierung 93ff.
 englische Methode 99.
 intermittierende Methode 98, 99.
 kontinentale Methode 39, 40.
Emulsionen:
 Adsorptionshäutchentheorie 63ff.
 Aussalzen der 112, 113.
 Beständigkeiten von 20—24, 33, 100ff.
 chromatische 26.
 Definition 1.

durchsichtige 26, 27.
 elektrische Ladung 16 bis 19, 78, 104ff., 113, 129.
 elektrische Leitfähigkeit 90, 103, 130.
 Farbe 26, 27.
 Filtration von 114.
 Hydrationstheorie der 37—40.
 Kältebehandlung der 122.
 Koagulation von 21, 24, 113, 114.
 Konzentration 15.
 kritisches Mengenverhältnis 30, 31.
 Oberflächenspannungstheorie der Emulsionen 40—45, 76, 123.
 pharmazeutische 2, 27, 35, 39, 99.
 Potentialdifferenz 17, 18, 21, 22, 83.
 Quasi-Emulsionen 4, 5, 9.
 Rohölemulsionen 104ff., 129.
 Teilchenradius in 12ff., 93, 100ff., 117.
 spontane 40.
 umkehrbare 63ff.
 Umkehrung von 63ff., 128ff.
 Viscosität von 25, 26, 34ff., 102, 117.
 Viscositätstheorie der 34—37.
 Wärmebehandlung der 121.
Entmischbarkeit von Ölen 11.
Entmischung 94, 104ff., 129.

Sachverzeichnis

„Entölungs"-Verfahren 114ff.
Entwässerung, elektrische 105ff.

Feinbau von Flüssigkeitsoberflächen 60ff., 124ff.

Gibbs-Thomsonsche Gleichung 46, 47, 51.
Gleichgewicht, Prinzip des beweglichen 46, 58.
Gleitfähigkeit 17, 18.
Goldzahl 56.
Grenzfläche, flüssig-flüssig 36, 45ff., 56, 58ff., 77ff., 83ff., 123ff.
Grenzflächenhäutchen (siehe auch Adsorptionshäutchen).
Grenzflächenspannung 21, 22, 23, 34ff., 59ff., 77ff., 85—88.

Homogenisieren 25, 72, 99ff.
Hydratationstheorie der Emulsionen 37—40.

Isoelektrischer Punkt 20, 23, 112.

Kataphorese 17, 105ff.
Kautschuk 15.
Kolloide, hydrophile 38, 77, 109ff.
Kolloide, hydrophobe 23, 24, 38, 77, 109ff.
Kondenswasser 1, 12, 113, 114.
Konzentrationsfunktion 52.

Margarine 4, 26, 32, 63, 100.
Milch 15, 39, 92, 100, 117ff.
Milch, homogenisierte 101ff.
Moleküle, Richtung der 59—63, 83, 84, 124ff.

Nephelometrie 90—93.

Oberflächenspannung 12, 34ff., 76ff.
Oberflächenspannungstheorie der Emulsionen 40—45, 76ff., 123.
Öl/Wasseremulsionen 2—4, 21—23, 26, 35ff., 63ff.

Pharmazeutische Emulsionen 2, 27, 35, 39, 99.

Phasenbestimmung 88ff.
Phasenumkehr 63ff.
Phasen-Volumentheorie 27—33.
Potentialdifferenz 17, 18, 21, 22, 83.
Potentialdifferenz, kritische 23.

Randwinkel 58, 83, 123ff.

Sahneneis 103.
Schäume 34, 47, 102.
Stalagmometer 67.
Stokessches Gesetz 117.
Sudan III, 30, 89.

„Teilchen"-Theorie 44.
Theorie der gerichteten Moleküle 59—63, 83, 84, 124ff.
Ton, kolloider 6.
„Tret-o-Lite" 109.
Tropfpipette 36, 37, 40, 49, 67, 87, 88.

Viscositätstheorie der Emulsionen 34—37.
Viscosität von Emulsionen 25, 26, 34ff., 102, 117.

Zentrifugieren 94, 116ff.

Verlag von Julius Springer in Berlin W 9

Grundbegriffe der Kolloidchemie und ihre Anwendung in Biologie und Medizin. Einführende Vorlesungen. Von Dr. **Hans Handovsky**, Privatdozent an der Universität Göttingen. Mit 6 Abbildungen. (72 S.) 1923. 2.20 Goldmark / 0.55 Dollar

Kolloidchemie des Protoplasmas. Von Dr. **W. Lepeschkin**, früher Professor der Pflanzenphysiologie an der Universität Kasan, jetzt Professor in Prag. Mit 22 Abbildungen. (239 S.) 1924. (Monographien aus dem Gesamtgebiet der Physiologie der Pflanzen und der Tiere. Siebenter Band.)
9 Goldmark; gebunden 9.90 Goldmark / 2.15 Dollar; gebunden 2.40 Dollar

Praktikum der physikalischen Chemie insbesondere der Kolloidchemie für Mediziner und Biologen. Von Dr. med. **Leonor Michaelis**, a. o. Professor an der Universität Berlin. Zweite, verbesserte Auflage. Mit 40 Textabbildungen. (191 S.)
5 Goldmark / 1.20 Dollar

Einführung in die physikalische Chemie. Für Biochemiker, Mediziner, Pharmazeuten und Naturwissenschaftler. Von Dr. **Walther Dietrich**. Zweite, verbesserte Auflage. Mit 6 Abbildungen. (117 S.) 1923. 2.80 Goldmark / 0.70 Dollar

Fachausdrücke der physikalischen Chemie. Ein Wörterbuch von Dr. med. **Bruno Kisch**, a. o. Professor an der Universität Köln a. Rh. Zweite, vermehrte und verbesserte Auflage. (104 S.) 1923.
4 Goldmark / 0.95 Dollar

Die Eiweißkörper und die Theorie der kolloidalen Erscheinungen. Von **Jacques Loeb †**, Mitglied des Rockefeller-Instituts für medizinische Forschung, New York. Deutsch herausgegeben von Carl van Eweyk, Berlin. Mit 115 Textabbildungen. (306 S.) 1924.
15 Goldmark; geb. 16.50 Goldmark / 3.60 Dollar; geb. 3.95 Dollar

Kurzes Lehrbuch der allgemeinen Chemie. Von **Julius Gróh**, o. ö. Professor der Chemie an der Tierärztlichen Hochschule Budapest. Übersetzt von **Paul Hári**, o. ö. Professor der Physiologischen und Pathologischen Chemie an der Universität Budapest. Mit 69 Abbildungen. (286 S.) 1923.
Gebunden 8 Goldmark / Gebunden 1.95 Dollar

Kurzes Lehrbuch der Physiologischen Chemie. Von Dr. **Paul Hári**, o. ö. Professor der Physiologischen und Pathologischen Chemie an der Universität Budapest. Zweite, verbesserte Auflage. Mit 6 Textabbildungen. (364 S.) 1922.
Gebunden 11 Goldmark / Gebunden 2.65 Dollar

Verlag von Julius Springer in Berlin W 9

Lehrbuch der organisch-chemischen Methodik. Von Dr. Hans Meyer, o. ö. Professor der Chemie an der Deutschen Universität zu Prag. Erster Band: **Analyse und Konstitutions-Ermittlung organischer Verbindungen.** Vierte, vermehrte und umgearbeitete Auflage. Mit 360 Figuren im Text. (1227 S.) 1922.
56 Goldmark; geb. 60 Goldmark / 13.35 Dollar; geb. 14.30 Dollar

Die quantitative organische Mikroanalyse. Von Dr. med. und Dr. phil. h. c. Fritz Pregl, o. ö. Professor der Medizinischen Chemie und Vorstand des Medizinisch-Chemischen Instituts an der Universität Graz, korrespondierendes Mitglied der Akademie der Wissenschaften in Wien. Zweite, durchgesehene und vermehrte Auflage. Mit 42 Textabbildungen. (226 S.) 1923.
Gebunden 12 Goldmark / Gebunden 2.90 Dollar

Lehrbuch der Pharmakognosie. Von Dr. Ernst Gilg, Professor der Botanik und Pharmakognosie an der Universität Berlin, Kustos am Botanischen Museum Berlin-Dahlem, und Dr. Wilhelm Brand, Professor der Pharmakognosie an der Universität Frankfurt a. M. Dritte, stark vermehrte und verbesserte Auflage. Mit 407 Abbildungen. (442 S.) 1922.
Gebunden 10 Goldmark / Gebunden 2.40 Dollar

Grundzüge der Botanik für Pharmazeuten bearbeitet von Dr. Ernst Gilg, Professor der Botanik und Pharmakognosie an der Universität Berlin, Kustos am Botanischen Museum zu Berlin-Dahlem. Sechste, verbesserte Auflage der „Schule der Pharmazie, Botanischer Teil". Mit 569 Textabbildungen. (454 S.) 1921.
Gebunden 10 Goldmark / Gebunden 2.40 Dollar

Grundzüge der Pharmazeutischen Chemie. Bearbeitet von Professor Dr. Hermann Thoms, Geh. Regierungsrat und Direktor des Pharmazeutischen Instituts der Universität Berlin. Siebente, verbesserte Auflage der „Schule der Pharmazie, Chemischer Teil". Mit 108 Textabbildungen. (564 S.) 1921.
Gebunden 10 Goldmark / Gebunden 2.40 Dollar

Metallurgische Berechnungen. Praktische Anwendung thermochemischer Rechenweise für Zwecke der Feuerungskunde, der Metallurgie des Eisens und anderer Metalle. Von **Joseph W. Richards**, Professor der Metallurgie an der Lehigh-Universität. Autorisierte Übersetzung nach der zweiten Auflage von Professor Dr. Bernhard Neumann, Darmstadt, und Dr.-Ing. Peter Brodal, Christiania. Unveränderter Neudruck. (614 S.) 1920.
Gebunden 24 Goldmark / Gebunden 5.75 Dollar

Moderne Metallkunde in Theorie und Praxis. Von J. Czochralski, Oberingenieur. Mit 298 Textabbildungen. (305 S.) 1924.
Gebunden 12 Goldmark / Gebunden 2.85 Dollar

Einführung in die Mikroskopie. Von Professor Dr. **P. Mayer** in Jena. Zweite, verbesserte Auflage. Mit 30 Textabbildungen. (214 S.) 1922.
4 Goldmark / 0.95 Dollar

MIX
Papier aus verantwortungsvollen Quellen
Paper from responsible sources
FSC® C105338

If you have any concerns about our products,
you can contact us on
ProductSafety@springernature.com

In case Publisher is established outside the EU,
the EU authorized representative is:
**Springer Nature Customer Service Center GmbH
Europaplatz 3, 69115 Heidelberg, Germany**

Printed by Libri Plureos GmbH
in Hamburg, Germany